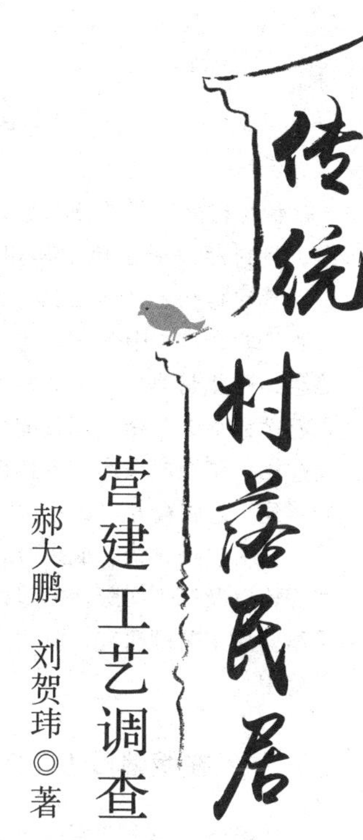

传统村落民居营建工艺调查

郝大鹏　刘贺玮◎著

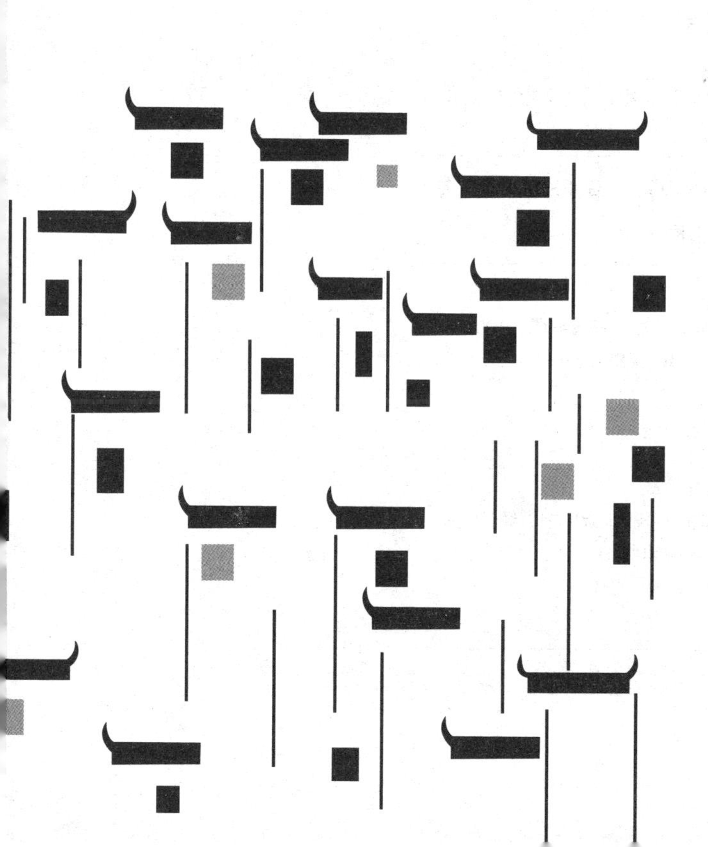

国家一级出版社
中国纺织出版社
全国百佳图书出版单位

内容提要

传统村落民居的分布量大面广，各地区匠作技艺形式多样，且村落民居营建工艺相关内容较为庞杂（包括建筑形制、营建材料、营建工具、营建工序等），调查方法的制订有利于调查过程中合理有序地全面采集民居营建工艺的相关信息，避免漏项。为保证相关信息采集的原真性、准确性与完整性，本书对相关调查的前期工作、调查内容、数据采集及存档、调查成果形式等作出了要求，集成一套科学、规范的营建工艺调查方法。

全书包括背景、成果资料整理要求、调查方案模板、调查表格以及调查实际案例等内容。本书旨在加强对传统村落民居营建工艺的研究，其内容可为相关从业人员、研究者参考使用。

图书在版编目（CIP）数据

传统村落民居营建工艺调查 / 郝大鹏，刘贺玮著．-- 北京：中国纺织出版社，2018.1（2023.5 重印）

ISBN 978-7-5180-4539-6

Ⅰ. ①传… Ⅱ. ①郝… ②刘… Ⅲ. ①民居—建筑艺术—研究—中国 Ⅳ. ①TU241.5

中国版本图书馆 CIP 数据核字（2017）第 328568 号

策划编辑：李春奕　　责任编辑：杨　勇　　责任校对：武凤余

责任设计：何　建　　责任印制：王艳丽

中国纺织出版社出版发行

地址：北京市朝阳区百子湾东里 A407 号楼　邮政编码：100124

销售电话：010—67004422　传真：010—87155801

http://www.c-textilep.com

E-mail:faxing@c-textilep.com

中国纺织出版社天猫旗舰店

官方微博 http://weibo.com/2119887771

大厂回族自治县益利印刷有限公司印刷　各地新华书店经销

2018 年 1 月第 1 版　2023 年 5 月第 3 次印刷

开本：710 × 1000　1/16　印张：11

字数：104 千字　定价：58.00 元

凡购本书，如有缺页、倒页、脱页，由本社图书营销中心调换

序

中国传统村落民居一直伴随着传统村落农业社会数千年的发展历史，传统村落民居建筑从产生、成熟到最后衰退，经历了漫长的历程，用进废退，成为今天的现实。由于社会变迁，现代建筑侵蚀，自然灾害以及人为破坏等原因，我国传统村落数量大幅度减少，规模急剧缩小，完整性破坏严重，缺乏再建工艺技术的发展保障，传统民居营建工艺是濒危的无形文化遗产，亟待抢救与系统保护。

本书中相关内容阐述是在国家“十二五”科技支撑计划课题《传统村落民居营建工艺传承、保护与利用技术集成与示范》的背景下展开，课题的目标之一即通过对典型地域传统村落民居的调查，建立一个具有历史文献价值和研究应用价值的传统村落民居营建工艺数据库。传统民居的分布量大面广，各地区匠作技艺形式多样，但各地营建技艺相关著录较为缺乏，因此在笔者开展数据库建设研究之前，大量的实地调查必不可少。调查方法的制定有利于笔者在调查过程中合理有序地全面采集民居营建工艺的相关信息，避免漏项。另外，数据库的建立要求笔者在调查中对一手数据的采集、录入与存档等流程上制定统一的技术标准。

在这样的背景下，2014 年 11 月课题组派遣了调查小组前往贵州黔东南雷山县苗族地区进行传统村落民居营建工艺的实验性调查，希望在调查过程中总结经验与方法，形成成果作为全国典型地域传统村落民居营建工艺调查方法研究的技术支撑。

本书由科技部“十二五”科技支撑计划课题“传统村落民居营建工艺传承、保护与利用技术集成与示范”（课题编号：2014BAL06B04）资助。

本书由四川美术学院校级项目课题“传统村落民居营建工艺传承、保护与利用技术集成与示范”（课题编号：ZD201301）资助。

郝大鹏　刘贺玮

2017 年 7 月 25 日

目 录

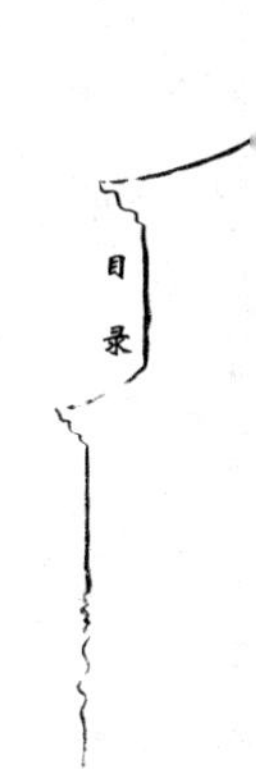
目
录

第一章 背景

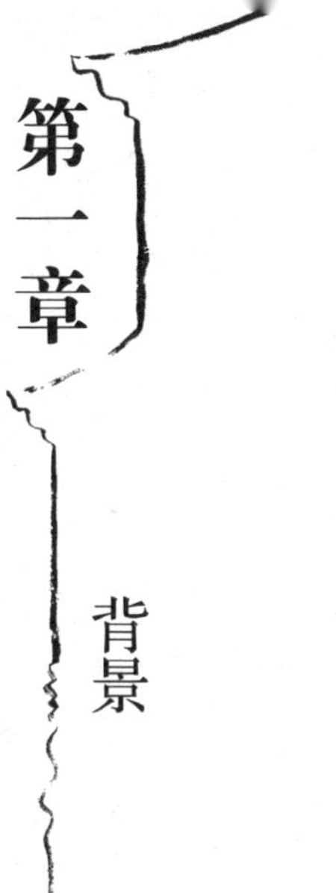

一、什么是传统民居营建工艺

传统民居营建工艺是传统民间工匠在意匠支配下，使用相应的工具或技术手段，按世代相沿袭的方法完成从材料采集、构件加工制作到建筑安装成型、再到后期装修的全套建造过程，包括造房工序、造房工具、造房工匠、造房材料、造房匠艺、造房习俗等各个层面的信息。传统民居营建工艺包含物质文化遗产、非物质文化遗产两个方面的内容，从物质文化遗产层面来说，民居建筑实体本身是直观可见的，易于理解；从非物质文化遗产层面来说，传统民居营建工艺本身并不具备实体形态，这种技艺是以匠师为载体而得以呈现并转换为建筑实体，它虽然无形，但其所遵循的规律、制度和方法是可以记录和把握的。从物质文化遗产层面的村落空间、民居建筑结构、体量、建房材料等与非物质文化遗产层面的匠师技艺、造房习俗等互为表里，两者相互印证。

近几十年来由于社会的变迁、经济的发展、现代文明的传播等原因，社会环境发生了剧烈的变化，传统民居营建工艺逐渐失去生存的土壤。一方面，人们对居所使用功能的需求发生了改变，原有传统民居建筑在不发生改变的前提下难以适应今天的居住需求，加之现代主义风格建筑的进入和现代建筑方式的普及，选择修建传统建筑来居住的人是少之又少；另一方面，传统民居营建工艺多为传统的、师徒相授的传承方式，由于长期缺乏关注、匠师逝去等原因，大量优秀的营造经验和传统技艺面临流失和失传的危险。

二、传统民居营建工艺的数字化保护

近年来，以信息技术与网络手段为代表的数字化技术发展迅速，在各行业领域广泛应用，也为文化遗产的保护提供了新途径。目前运用数字化技术和手段介入非物质文化遗产保护、管理等已成为一种趋势，我国2011年6月颁布实施的《中华人民共和国非物质文化遗产法》中指出“文化管理部门应当全面了解非物质文化遗产有关情况，建立非物质文化遗产档案及相关数据库。”[1]在法律层面明确了非物质文化遗产数字化保护的重要性。过去采用摄影摄像、文字档案的方式记录文化遗产，录像带、磁带、文本等难以长时间的保存，如今数字化技术的发展为资料的记录、保存、传播等提供了新的契机。

建立数据库是对传统民居营建工艺进行数字化保护的基础工作，也是对其进行抢救性保护行之有效的手段。一方面，对已有的相关研究成果、资料、档案进行科学的整理和保存，是对过去工作的肯定，也是今后工作的基础和依据。历史上与建筑工艺相关的典籍如《天工开物》《清代匠作则例》《钦定书经图说》《营造法原》《鲁班经》等，对传统民居营建工艺的研究具有重要参考价值；而当代传统民居营建工艺的相关研究以20世纪30年代中国营造学社的梁思成和刘敦祯两位先哲为开端，至今积累了一些的成果，期间有大量论文、专著等问世，此外一些地方志、匠书、文史资料等相关基础资料也可能涉及传统民居营建工艺的内容。另一方面，传统民居营建工艺广泛存在于传统村落中，且传统民居营建工艺缺乏记载和整理，存在濒临消失的危险，因此收集、整理传统村落民居营建技艺经验是继承传统乡土建筑文化非常重要的一环。数字化技术为相关保护工作提供了新的采集手段，如立体扫描、全息拍摄、运动捕捉等，新的存储手段如数据库、云盘、光纤和网络等，为文化遗产的完整保护提供了保障。[2]传统民居营建工艺作为非物质文化遗产，具有“活态性”，利用数字化技术建立传统民居营建工艺遗产数据库，对传统民居营建工艺资源进行完

---

[1] 宋俊文，王开桃. 非物质文化遗产保护研究［M］. 广州：中山大学出版社，2013：125.

[2] 黄永林，谈国新. 中国非物质文化遗产数字化保护与开发研究［J］. 华中师范大学学报：人文社会科学版，2012（2）：49-55.

整、系统、真实的保存与记录，达到资源整合与共享，实现便捷的获取与访问，也是深入推进传统民居营建工艺保护的要求。

建立传统民居营建工艺数据库表面上是对相关传统民居营建工艺资料、资源的数字化聚集、管理，实则是在探索传统民居营建工艺各要素内在逻辑的基础上，对相关各基本数据进行分类、整理。以往传统营建工艺成果按照其研究目标的不同，其内容构成有多种分类方式：或按匠作分类展开，如木作、瓦作、石作、土作等；或按营建工艺要素分类，如营建工具、营建材料、民居建筑构造、民居建筑装饰、营建习俗、营建匠师等；或按地域范围分类，如婺州民居营建工艺、徽州民居营建工艺等。数字化技术对传统民居营建工艺的保护与传承提供了新的手段和契机，也对构建符合数字化特征的传统民居营建工艺分类资源目录体系提出了要求，得当的分类资源目录体系或许今后会对传统民居营建工艺的保护传承形成良好的机制。传统民居营建工艺分类资源目录体系的建立需要在统一资源管理的目标下进行，遵循数据库建设技术规范，在对传统民居营建工艺属性、分类科学描述的基础上来构建。其目的最终是为传统民居营建工艺资源的调查采集、整理、共享提供一致标准，为实现资源的高效检索、获取提供支持。

另外，传统民居营建工艺资源的技术标准、专业标准等贯穿其数字化保护与传承的各环节，它有利于保护、管理、传承工作的开展。传统民居营建工艺数字化保护标准的建设，是立足于现代数字化技术，围绕传统民居营建工艺资源的描述、组织、存储需求，根据传统民居营建工艺各要素内容形式特点来制定的相关标准规范，如资源采集、制作描述、存储管理等技术标准。其中，为了保证调查过程中资源采集的原真性、准确性与完整性，需制定统一的技术标准流程，对调查前期工作、调查内容、数据采集及存档、调查成果形式等作出了要求。

第二章 传统民居营建工艺调查

一、传统民居营建工艺调查的内容

传统民居营建工艺的调查旨在通过对某一区域内营建工艺资源的调查、梳理与总结，能够了解该地区的传统民居营建工艺的内涵，把握其特点。根据传统民居营建工艺所涉及的内容和特点，将调查内容分解为区域背景、民居形制、造房材料、造房工具、造房工匠、建房工序、造房工艺、民居装饰、修缮技术、造房风俗和地域适应性技术 11 个板块的内容。并对 11 个板块逐项制作调查表，对调查采集的内容、形式作出详细的要求，以便调查工作的有序开展，避免漏项。

（1）区域背景：区域背景的内容包括了对区域内地理环境、自然资源状况的梳理，对历史、经济、文化、习俗等方面特点的总结以及区域内民居营建工艺的现状、历史沿革、相关文物、文献等的整理。

（2）民居形制：民居形制的内容包括该地区传统民居建筑的平面布局、空间格局，民居建筑屋基、构架、墙体、装修、屋顶等各部位构件的名称及常见形式、搭接方式、比例尺度关系等，着重总结匠师的设计规律。

（3）造房材料：造房材料的内容包括传统民居建房常见材料，如木、砖、灰浆、瓦、石、土、竹、油漆、颜料等的特性及选材要求、加工或制作方法以及各类材料的建造用途等。

（4）造房工具：造房工具的内容包括该地区传统民居营建中木作工具、砖瓦作工具、石作工具、土作工具、竹作工具、油漆彩画工具等的基本信息、使用方法等。

（5）造房工匠：造房工匠的内容包括传统民居营建中匠师的分工，目前从艺人数、文化程度、工艺流派、历代传承人谱系、传承方式、行业行规、工匠团体的组织形式以及传统的工匠雇佣方式等。

（6）建房工序：建房工序的内容包括传统村落民居建房整体流程的梳理，各环节工作内容、常规工时的记录等。

（7）造房工艺：造房工艺的内容包括传统民居各构件的加工制作方法步骤，着重阐述匠师的“设计思维”是如何转化为实体，该板块主要分为屋基、构架、墙体、装修、屋顶五个部分构成。

（8）民居装饰：民居装饰的内容包括装饰工艺和装饰纹样。装饰工艺主要说明我国常见民居装饰工艺的类型与具体加工方法步骤，具体包括木雕工艺、砖雕工艺、灰塑工艺、石雕工艺、地仗工艺、油漆工艺、彩画工艺等。装饰纹样的内容包括民居各部位重点装饰部位的装饰形式、装饰纹样及背后的含义，其中重点装饰部位的装饰形式下包括台基装饰、构架装饰、墙体装饰、装修装饰、屋顶装饰，装饰纹样及背后的含义下包括动物纹饰、植物纹饰、几何纹饰、文字纹饰、神仙人物纹饰、戏曲故事纹饰、器物纹饰、组合纹饰、楼台建筑纹饰、自然物纹、吉祥图案、程式化纹饰等分类。

（9）修缮技术：修缮技术主要说明传统村落民居常损坏构件之常见维修、维护方法，主要分为屋基、构架、墙体、装修、屋顶五个部分。

（10）造房风俗：造房风俗主要说明在传统村落民居营建过程中常见的礼俗禁忌与歌诀，按建房步骤选址、破土动工、立木竖屋、上梁、落成、进宅、搬家来分类记录。

（11）地域适应性技术：地域适应性技术是指传统民居因地制宜的适宜技术，内容包括虫害与鸟害的防治技术、抗震技术、防风技术、防火技术、防雷技术、采光技术、通风技术、采暖技术、隔热技术、排水技术、防潮技术、防腐技术等。

另外，为方便对区域内传统民居营建工艺的整体把握以及相关文史资料的搜集整理，另制定3张表格列于后。制定“地方志、相关文献资料的整理”表格，目的在于将相关地方志、文史资料中与该地区营建工艺相关的内容作集中摘录整理；制定“区域营建工艺特点总结”表格，旨在对该区域内传统民居营建中较为突出的特点、问题与现象等，区域内传统民居营建工艺的历史发展、现状及变迁等作总结；制订“参考文献列表”，以便对该区域传统民居营建工艺相关参考文献的信息作搜集与汇总。

二、传统民居营建工艺调查的指导原则

传统民居营建工艺的调查应遵循真实、全面、抓取代表性的原则。首先，调查应涵盖该地区传统村落民居营建工艺及其所有相关要素，避免不应有的遗漏，并且注重吸纳以往民居营建工艺调查成果，对已有的调查成果和研究成果应进行有针对性的补充调查、复查和核对，注重了解其现状，以保持工作的延续性。其次，在调查中应注意发现在一个地区范围内具有代表性的工艺、匠师或建筑形式等，抓住代表性就相当于抓住了其主要的内容。而所谓的真实性，即按照传统民居营建工艺的表现形态，真实客观地对其记录和描述。

三、传统民居营建工艺调查的步骤与方法

（一）选点与提出调查方案

在调查地点的选择上，可汲取费孝通先生提出的“类型比较法”[1]的经验，针对我国传统民居营建工艺现状及内容特点来选择代表性的点进行调查，再于点与点之间建立联系，从典型到类型来完成整体调查工作。

调查方案的制定要求必须切实可行，能够完成，必须与调查人员的知识水平、实践经验以及财力、时间、物力等相适应。调查方案的制定除了要明确参与人员、调查时间地点、经费预算等基本信息之外，还需进一步

[1] 费孝通，张之毅．云南三村［M］．天津：天津人民出版社，1990：6-8.

提出前期工作、调查工作的分工要求及内容，以及需要提交的成果形式。前期工作包括了后勤保障工作（上报管理部门的请假单、外出申请单）、外出保障工作（明确交通方式及路线、交通票及住宿预订、天气、经费借支等）、文献搜集工作（调查地区的背景知识、相关研究成果的搜集）。调查方案中需要明确调查工作的分工，如调查任务内容的具体分配以及调查日常工作的分配（包括制订每天调查计划、联络匠师、总结并书写工作日志、经费管理、文字记录和整理、拍照、录像、维护保管设备等），另外还需要根据地方营建工艺的特点明确该地区民居营建工艺的调查任务重点。根据前期实验性调查的经验，由于实际过程中面临的各地工艺现状、匠师分布等实际情况有所差异，因此在调查方案中只要求明确抵达目的地之后第一天的工作计划，而后续工作计划可根据每日具体情况灵活制订。

（二）开始调查（文献调查与实地调查）

调查分为文献调查与实地调查两个阶段。开展实地调查之前需要针对调查地点的民居营建工艺作前期文献调查工作，掌握和梳理前人的研究成果，了解该地区营建工艺的研究现状；实地调查时则在已有研究成果的基础上进行有针对性的补充调查以及复查、核对。

文献调查主要是为了搜集和分析现有文献资料，注重吸纳该地区以往民居营建工艺研究成果，以保证研究工作的继承性、延续性。由于各地民居形制、工艺等各有特点，调查前应对调查地点的民居营建工艺作前期了解，选择相关的调查表格来进行预填写、熟悉调查内容。文献的查阅范围包括：知网、万方等数据库资源，史志、丛书等历史文献，甚至地方文史资料、方志、族谱、匠书、碑刻、游记等相关材料[1]。在文献调查过程中，相关文字、图片内容的摘抄应注明文献来源。

实地调查应因时、因地制宜，可提前了解一个地区营建工艺保存状况、建房时令等，选择合适的时机开展调查工作。实地调查主要采用参与观察与匠师访谈、建筑实体测绘等方法，但需要注意以下一些方面：

---

[1] 张昕，陈捷. 传统建筑工艺调查方法［J］. 建筑学报，2008（12）：21-23.

传统民居营建工艺这一“无形”的遗产是通过匠师的技艺而得以呈现现实，因此对匠师的访谈显得尤为重要。首先需要构建与匠师交流的无障碍语境，由于不同地区的匠师对同一建筑构件的称谓不同，部分营建术语也可能有所差异，因此应提前熟悉该地区（或建筑形制类似地区、相近地区）民居建筑各构件的名称及大体营建流程，在访谈过程中予以转换。另外，由于师承、流派等的影响，不同工匠的描述可能会有所差异，同一问题应多采访几位匠师，以求从总体上来把握该地区民居营建通则。调查过程中有不清楚的地方应及时向匠师请教学习，以对营建工艺作出准确的认识。实地调查过程中应与地方匠师、相关行政部门（如地方非物质文化保护部门）保持联系、获取调查线索，以便抓住建房时机进行现场观摩、采访。在现场采访中应尽量融入他们的营建场景中去，与当地匠师、居民拉近距离，和他们自然而然地交流沟通。

民居建筑与匠师技艺互为表里，认识民居建筑实体的比例尺度、构造，反过来可以对匠师技艺来进行验证，这一过程的反复也能使我们更深刻地认识民居营建工艺，因此选择由当地匠师营建的、具有代表性的传统民居建筑进行测绘是有必要的。需要注意的是建筑实例中可能会有与该地区营建通则有所差异之处，可能是某些特殊的做法，也有可能是因为周边环境、屋主意愿、匠师个人经验等原因造成的，这些需要通过在测绘过程中充分与匠师、屋主沟通来把握。

在实地调查过程中可临时吸收当地文化工作者、爱好者参与，他们可帮助与当地匠师联系沟通。另外，传统民居营建工艺作为一种非物质文化遗产，它存在于一定的社会环境中延续和发展，或与当地的自然资源、经济状况、社会组织、文化习俗等息息相关。在调查过程中应把营建工艺放到它生存的环境中来考量，民居建筑的形制、工艺或是对当地环境、习俗、制度相适应的结果，这或许有助于更深层次地认识民居营建工艺，并能从中挖掘其价值。

（三）资料获取

采集和记录民居营建工艺信息的方法有拍照、测绘、录像、录音、文字记录等多种方式。在调查之前可以针对调查对象对资料采集形式作一定的预见，以方便相关设备仪器的携带。根据调查的经验发现，对民居的外观结构、营建材料、营建工具等适合多角度的拍照来记录相关细节信息；门窗样式、装饰纹样等适合正立面拍照记录，使图像视角统一，以方便后期的比较研究及整理；测绘主要用于记录和验证建筑实体的详细比例尺度关系，需绘制 CAD 平、立、剖面图以及建立三维模型来表现，以备后期的深入研究使用；动态连贯的具体营建过程、技术细节等，则适合用录像机拍摄记录，录像资源需要后期进一步的剪辑，也可通过在像素较高的智能手机或者平板电脑上安装可即时剪辑的软件来实现即录即剪。在对匠师进行即时访谈时可以使用录像或者录音笔的方式记录访谈内容，后面再将内容转化为文字。在对匠师现场采访的过程中，对于不可见的建筑结构的细节、各构件加工的步骤及细节等，除了可以用文字进行详细记录之外，还可以绘制草图帮助理解、记录，之后再作进一步的规范整理。

四、成果资料的整理

调查结束后，相关的图像、测绘、录像、录音、文字等电子资料应作详尽的分类整理，具体资料文件（照片、视频、图表等）的命名应反映出内容、地点、时间，照片及视频应编号，特别是反映工艺步骤的，应按照先后顺序整理，例如，“八大爷宅立面图 01　南龙古寨　201607”“1-1 封檐板的制作——推平 02　开阳马头寨　201704”。此外，搜集到的图纸、匠谱、工具等实物资料也应分类建档保存，并通过拍照、扫描等方式进行数字化的记录。

调查所采集到的所有资料数据最后宜整理成调查报告，作为调查的最终成果。撰写调查报告的目的是为了将调查获取的一手资料作系统化与逻辑化的梳理，对成果作总结，发掘地方营建工艺价值，发现调查中的不足之处，指导后续调查。调查报告的书写应包括三部分内容：一是介绍调查背景，包括调查对象、地点、选择原因、相关研究成果综述等；二是整理调查成果，将调查过程中采集的所有成果信息作详细描述与梳理，归纳其营建工艺过程与内涵；三是调查附录，包括调查方案、调查过程（调查日志）、调查经验总结等。由于各地营建工艺的匠作、工艺做法、称谓等有所差异，其地域性的称谓和现行学术用语之间需要作转换，调查过程中为了方便应以地方称谓为主，调查结束后需作转换的词汇可列表附于后。

五、传统民居营建工艺调查中的注意事项

（1）尊重当地的风俗习惯。

（2）确保考察内容和成果真实可靠，杜绝提供虚假材料。

（3）可根据实际情况需求派先遣人员联系调查事宜。在正式调查之前可派遣 1~2 人前往当地联系文化部门、非遗中心、高校、园林局、文物局等搜集调查线索，争取地方支持，访有经验的匠师等；前往档案局、图书馆等采集地方志及相关文史资料。

（4）注意人员的安全。

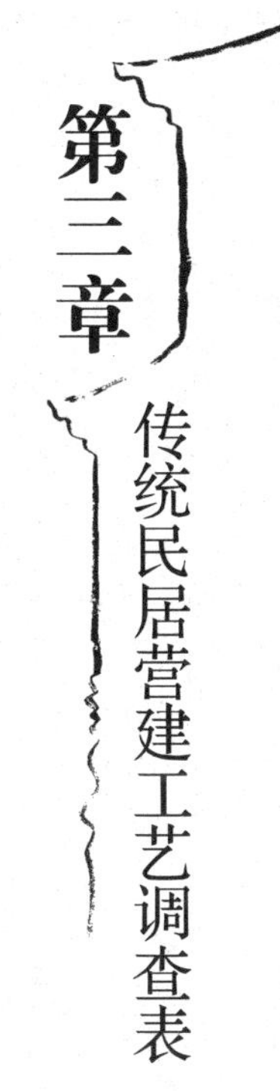

第三章 传统民居营建工艺调查表

一、调查表使用说明

调查表提供了民居营建工艺相关板块各个方面的内容，表中针对不易理解的调查内容均作了解释说明。

在实地调查之前需要针对调查地点的民居营建工艺进行文献调查，并对本调查表进行预填。表中具体的各板块表格涉及专业词语较多，需要调查人员提前熟悉相关内容。实地调查要严格根据调查方案及相关调查表格进行详细、真实的登录，但需因地、因时制宜。调查表的制定主要是为调查人员提供调查的思路和参考，实际操作中可根据具体情况作适当修改或补充；另外，某一个调查点的信息不一定能涵盖调查表格中的所有板块或所有内容，应按具体情况采集信息，不应强求完成所有内容的填写。

二、调查方案（模板）

实地调查出发前应制订切实可行的调查方案，相关内容列表如下（表 3-1），应按实际情况进行计划和填写。

表 3-1 调查方案（模板）

调查地点： 省 / 自治区 / 直辖市 市 县（市） 乡（镇） 村	
调查时间： 年 月 日—— 年 月 日	
调查路线：	
费用预算：	
领 队：	
人员组成：	
前期工作安排	召开外出调查工作会，安排外出调查前期工作、明确外出调查分组分工与具体行程安排；熟悉了解相关调查内容，熟读相关书目等
前期工作分工	①后勤保障工作：××× 负责搜集请假单、外出申请单、外出经费借支、器材借支等 ②外出保障工作：××× 负责明确交通方式及路线、火车票预订、住宿预订、天气预报查询等 ③文献搜集工作：×××、××× 负责村落背景知识、其他相关研究成果的搜集等
调查工作分组分工	组 1：×××（组长，负责制定每天调查计划、联络匠师、每天总结并书写工作日志，管理经费） ×××（负责文字记录和整理、记账、安排联系住宿） ×××（负责拍照、维护保管设备） ×××（负责录像、维护保管设备） 组 2：×××（组长，负责制定每天调查计划、联络匠师、每天总结并书写工作日志，管理经费） ×××（负责文字记录和整理、记账、安排联系住宿） ×××（负责拍照、维护保管设备） ×××（负责录像、维护保管设备） ……
调查任务重点：	
设备携带：	
需自行携带的工具、文具等物品：	
书籍携带：	
调查成果内容及形式：	
具体行程安排：	
安全问题：调查期间集体行动，不落单，尊重当地习俗习惯，提高安全意识	
到达第一天的工作安排：	

三、调查表

调查表主要分为“文字填写”和“照片 / 图片 / 视频 / 录音的要求”两栏，相关文字按所列项目进行采集、填写，其余信息按要求进行采集、制作。为了整理和查询资料方便，调查成果均采用电子档，文字应统一字体与字号（如宋体五号字），文字的描述尽量条理分明、准确详细。“照片 / 图片 / 视频 / 录音的要求”栏中应按要求放入对应文字内容的图片、照片、模型截图或视频截图等作示意，示意图片的大小应能看清图片内容，此处相关示意图的标注应与最后提交的成果文件夹内图片、照片、模型或视频的名称、编号等相一致，以方便对应查找。调查过程中为了方便也可携带纸质版书写记录，但当天应及时整理、转换为电子档。

调查过程中信息的采集需详尽、真实、可靠，严禁凭空捏造调查材料。

结合传统民居营建工艺 11 个板块的内容要素以及调查中相关信息的归纳、整理要求，逐项提出信息采集的内容要求和形式，形成系列调查表以便于调查。调查表共分为 14 个部分，分别是：区域背景，民居形制，造房材料，造房工具，造房工匠，建房工序，造房工艺，民居装饰，修缮技术，造房风俗，地域适应性技术，地方志、相关文史资料的整理，区域营建工艺特点总结，参考文献列表。

（一）区域背景（表 3-2）

表 3-2　区域背景调查表

填表人：　　　　　　　　　　　　　　　　　　　　　　　　时间：

调查地点：　　省 / 自治区 / 直辖市　　市　　县（市）　　乡（镇）　　村	
调查时间：	
文字内容	照片 / 图片 / 视频 / 录音的要求
区域概况 地理位置、村落形态、是否列入国家名录等概况	拍摄照片、制作必要的示意图来进行说明
区域背景 影响区域内传统民居营建工艺形成与发展的相关历史、地理、经济、社会背景	拍摄照片、制作必要的示意图来进行说明
区域内传统民居、传统营建工艺保存现状 相关部门是否进行相关保护，传统民居利用状况（闲置、废弃、发展旅游等），是否仍利用传统营建工艺兴建以及修缮传统民居等	拍摄照片、制作必要的示意图进行说明
区域内民居营建工艺历史沿革 需采集地方志、建造志，梳理以往史料、研究成果来说明	拍摄照片、制作必要的示意图进行说明
其他补充	

（二）民居形制

1. 屋基形制（表 3-3）

表 3-3　屋基形制调查表

填表人：　　　　　　　　　　　　　　　　　　　　　　　　时间：

文字内容	照片 / 图片 / 视频 / 录音的要求
地面以下基础各部分的称谓、形式与构造、比例尺度的把握 如：磉墩、墙基等的形式与构造、比例尺度的把握	拍摄照片、制作必要的示意图进行说明
地面以上台基各部分的称谓、形式与构造、比例尺度的把握 如：土衬石、金边、埋头石、柱顶石、陡板石、阶条石、两山条石等的形式与构造、比例尺度的把握	拍摄照片、制作必要的示意图进行说明
室内外地面形式与构造 室内外地面的形式、分层构造，砖地面排转形式等	拍摄照片、制作必要的示意图进行说明
屋基的形制特点总结 对屋基形制的特点进行归纳，如：屋基构造特点、材料特点、特殊的地方构造形式等	拍摄照片、制作必要的示意图进行说明
其他补充	

2. 构架形制（表3-4）

表3-4 构架形制调查表

填表人： 时间：

文字内容	照片 / 图片 / 视频 / 录音的要求
构架的类型及各部位称谓 构架类型、各部位的称谓，构架的主要形式及常见的构架变化形式等	拍摄照片、制作必要的示意图进行说明
规模、开间、进深、层高等尺度规律 区域内民居建筑一般有几间房、几进院落，层数、开间、进深、层高等有些什么尺寸规律	拍摄照片、制作必要的示意图进行说明
平面布局及功能要求 区域内民居建筑的平面布局常见形式，需要满足什么样的功能要求等	拍摄照片、制作必要的示意图进行说明
各构件的形式及构造、比例尺度的把握 各种柱、梁、枋、板、檩、椽等的形式与构造，比例尺度的把握	拍摄照片、制作必要的示意图进行说明
构架的形制特点总结 对构架形制的特点进行归纳，例如，构架构造特点、材料特点、特殊的地方构造形式等	拍摄照片、制作必要的示意图进行说明
其他补充	

3. 装修形制（表3-5）

表3-5　装修形制调查表

填表人：　　　　　　　　　　　　　　　　　　　　　　　　时间：

文字内容	照片/图片/视频/录音的要求
槛框的形式与构造、各部分的称谓、比例尺度的把握 如：上槛、下槛、中槛、枫槛、抱框、间框、榻板等的形式与构造、各部分的称谓、比例尺度的把握	拍摄照片、制作必要的示意图进行说明
各类门的形式与构造、各部分的称谓、比例尺度的把握 如：院门、大门、隔扇等的形式与构造、各部分的称谓、比例尺度的把握	拍摄照片、制作必要的示意图进行说明
各类窗的形式与构造、各部分的称谓、比例尺度的把握 如：开扇窗、支摘窗、横披窗、什锦窗等的形式与构造、各部分的称谓、比例尺度的把握	拍摄照片、制作必要的示意图进行说明
各类栏杆的形式与构造、各部分的称谓、比例尺度的把握 如：花栏杆、靠背栏杆等的形式与构造、各部分的称谓、比例尺度的把握	拍摄照片、制作必要的示意图进行说明
楣子的形式与构造、各部分的称谓、比例尺度的把握 如：倒挂楣子、坐凳楣子等的形式与构造、各部分的称谓、比例尺度的把握	拍摄照片、制作必要的示意图进行说明

续表

文字内容	照片 / 图片 / 视频 / 录音的要求
各类室内隔断的形式与构造、各部分的称谓、比例尺度的把握 如：板壁、碧纱橱、太师壁、罩、博古架、书格等的形式与构造、各部分的称谓、比例尺度的把握	拍摄照片、制作必要的示意图进行说明
各类顶隔的形式与构造、各部分的称谓、比例尺度的把握 如：砌上明造、天花、轩等的形式与构造、各部分的称谓、比例尺度的把握	拍摄照片、制作必要的示意图进行说明
常见家具陈设 如：卧具、坐具、桌案、屏风、架子等	拍摄照片、制作必要的示意图进行说明
装修的形制特点总结 对装修形制的特点进行归纳，如：装修构造特点、材料特点、特殊的地方构造形式等	拍摄照片、制作必要的示意图进行说明
其他补充	

4. 榫卯形制（表3-6）

表3-6 榫卯形制调查表

填表人： 时间：

文字内容	照片 / 图片 / 视频 / 录音的要求
固定垂直构件时使用 如：管脚榫、套顶榫等	拍摄照片、制作必要的示意图进行说明
垂直构件与水平构件连接时使用 如：馒头榫、燕尾榫、箍头榫、透榫、半透榫、大进小出榫等	拍摄照片、制作必要的示意图进行说明
水平构件相交时使用 如：燕尾榫、刻半榫、卡腰榫、正交桁榫等	拍摄照片、制作必要的示意图进行说明
水平与倾斜构件重叠时使用，起稳固作用 如：栽销榫、穿销榫等	拍摄照片、制作必要的示意图进行说明

续表

文字内容	照片/图片/视频/录音的要求
水平与倾斜构件半叠时使用 如：斜交横碗、扒梁刻榫、刻半压掌榫等	拍摄照片、制作必要的示意图进行说明
门扇上使用 如：银锭扣、穿带、抄手带、裁口、龙凤榫等	拍摄照片、制作必要的示意图进行说明
斜交支撑构件时使用 如：搭掌榫等	拍摄照片、制作必要的示意图进行说明
榫卯的形制特点总结 对榫卯形制的特点进行归纳，如：榫卯构造特点、材料特点、特殊的地方构造形式等	拍摄照片、制作必要的示意图进行说明
其他补充	拍摄照片、制作必要的示意图进行说明

5. 墙体形制（表 3-7）

表 3-7 墙体形制调查表

填表人： 时间：

文字内容	照片 / 图片 / 视频 / 录音的要求
墙体名称及位置 如：山墙、檐墙、槛墙、院墙、隔断墙、影壁等墙体的位置	拍摄照片、制作必要的示意图进行说明
各类墙体形式与构造、各部分的称谓、比例尺度的把握 如：山墙、檐墙、槛墙、院墙、隔断墙、影壁等的形式与构造、各部分的称谓、比例尺度的把握	拍摄照片、制作必要的示意图进行说明
墙面砖缝排列 如：十字缝、一顺一、三顺一丁、五顺一丁、落落丁、多层一丁、实滚、花滚、空斗等	拍摄照片、制作必要的示意图进行说明

续表

文字内容	照片 / 图片 / 视频 / 录音的要求
墙面艺术形式 如：落膛、砖圈、五进五出、圈三套五、砖池子、花墙子、什样锦等	拍摄照片、制作必要的示意图进行说明
墙体的形制特点总结 对墙体形制的特点进行归纳，如：墙体构造特点、材料特点、特殊的地方构造形式等	拍摄照片、制作必要的示意图进行说明
其他补充	拍摄照片、制作必要的示意图进行说明

6. 屋顶形制（表3-8）

表3-8　屋顶形制调查表

填表人：　　　　　　　　　　　　　　　　　　　　　　时间：

文字内容	照片 / 图片 / 视频 / 录音的要求
屋顶形式 如：硬山、硬山卷棚、悬山、悬山卷棚等	拍摄照片、制作必要的示意图进行说明
各类正脊形式与构造、各部分的称谓、比例尺度的把握 如：清水脊、过垄脊、皮条脊、扁担脊、甘蔗脊、纹头脊、雌毛脊、游脊等的形式与构造、各部分的称谓、比例尺度的把握	拍摄照片、制作必要的示意图进行说明
各类垂脊形式与构造、各部分的称谓、比例尺度的把握 如：铃铛排山脊、披水排山脊、披水梢垄等的形式与构造、各部分的称谓、比例尺度的把握	拍摄照片、制作必要的示意图进行说明

续表

文字内容	照片 / 图片 / 视频 / 录音的要求
屋面形式与分层构造、比例尺度的把握 各类屋面（如：筒瓦屋面、合瓦屋面、仰瓦灰梗屋面、干槎瓦屋面、棋盘心屋面以及石板屋面、木板屋面、树皮屋面等）的分层构造、各类瓦件的搭接关系、瓦垄间距等	拍摄照片、制作必要的示意图进行说明
屋顶细部形制补充 如：天沟、窝脚沟等的构造关系、比例尺度的把握	拍摄照片、制作必要的示意图进行说明
屋顶的形制特点总结 对屋顶形制的特点进行归纳，如：屋顶构造特点、材料特点、特殊的地方构造形式等	拍摄照片、制作必要的示意图进行说明
其他补充	拍摄照片、制作必要的示意图进行说明

（三）造房材料（表 3-9）

表 3-9　造房材料调查表

填表人：　　　　　　　　　　　　　　　　　　　　　　　　时间：

文字内容	照片 / 图片 / 视频 / 录音的要求
木 分项列出各种建房用木材的名称、特性、来源、价格、用于民居哪个部位、选材要求、原料加工点信息、砍伐及初加工方法及步骤	拍摄照片、制作必要的图片及表格进行说明
砖 分项列出各种建房用砖的名称、特性、来源、价格、用于民居哪个部位、选材要求、原料加工点信息、制作及砌筑前的初加工方法及步骤	拍摄照片、制作必要的图片及表格进行说明
灰浆 分项列出各种建房用灰浆的名称、特性、来源、价格、用于民居哪个部位、选材要求、配比、原料加工方法及步骤	拍摄照片、制作必要的图片及表格进行说明

续表

文字内容	照片 / 图片 / 视频 / 录音的要求
瓦 分项列出各种建房用瓦件的名称、特性、来源、价格、用于民居哪个部位、选材要求、原料加工点信息、制作及铺瓦前的初加工方法及步骤	拍摄照片、制作必要的图片及表格进行说明
石 分项列出各种建房用石材的名称、特性、来源、价格、用于民居哪个部位、选材要求、原料加工点信息、开采及初加工方法及步骤	拍摄照片、制作必要的图片及表格进行说明
土 分项列出各种建房用土的名称、特性、来源、价格、用于民居哪个部位、选材要求、原料加工点信息、开采及初加工方法及步骤	拍摄照片、制作必要的图片及表格进行说明

文字内容	照片 / 图片 / 视频 / 录音的要求
竹 分项列出各种建房用竹材的名称、特性、来源、价格、用于民居哪个部位、选材要求、原料加工点信息、砍伐及初加工方法及步骤	拍摄照片、制作必要的图片及表格进行说明
油漆 分项列出各种建房用油漆的名称、特性、来源、价格、用于民居哪个部位、选材要求、原料加工点信息、制作及初加工方法及步骤	拍摄照片、制作必要的图片及表格进行说明
彩画颜料 分项列出各种建房用彩画颜料的名称、特性、来源、价格、用于民居哪个部位、选材要求、原料加工点信息、制作及初加工方法及步骤	拍摄照片、制作必要的图片及表格进行说明
其他补充	拍摄照片、制作必要的图片及表格进行说明

（四）造房工具

1. 木作工具（表3-10）

表3-10 木作工具调查表

填表人： 时间：

文字内容	照片/图片/视频/录音的要求
平木工具 如：平刨（大中小）、槽刨、圆刨、线刨等的尺寸及外观描述、作用、使用方法等	拍摄照片、制作必要的图片及表格进行说明
解木工具 如：框锯（大中小）、大解锯、钢丝锯、斧头等的尺寸及外观描述、作用、使用方法等	拍摄照片、制作必要的图片及表格进行说明
穿剃工具 如：圆凿、斜凿、刨凿、铲凿等，锥、舞钻、手持钻等的尺寸及外观描述、作用、使用方法等	拍摄照片、制作必要的图片及表格进行说明

续表

文字内容	照片 / 图片 / 视频 / 录音的要求
测量定向工具 如：鲁班尺、五尺杆、直角角尺、活动角尺、水平尺、丈杆等的尺寸及外观描述、作用、使用方法等	拍摄照片、制作必要的图片及表格进行说明
辅助工具 如：墨斗、画签、三角木马、马凳、夹剪、磨石、锉刀、砂纸、刷子、榔头、抱钩、油筒等的尺寸及外观描述、作用、使用方法等	拍摄照片、制作必要的图片及表格进行说明
其他补充	拍摄照片、制作必要的图片及表格进行说明

2. 砖作工具（表3-11）

表3-11　砖作工具调查表

填表人：　　　　　　　　　　　　　　　　　　时间：

文字内容	照片 / 图片 / 视频 / 录音的要求
砌墙、涂抹工具 如：瓦刀、灰板、抹子、鸭嘴等的尺寸及外观描述、作用、使用方法等	拍摄照片、制作必要的图片及表格进行说明
墁地平整工具 如：墩锤、木宝剑等的尺寸及外观描述、作用、使用方法等	拍摄照片、制作必要的图片及表格进行说明
测量定向工具 如：活尺、制子、扒尺、方尺、平尺、矩尺等的尺寸及外观描述、作用、使用方法等	拍摄照片、制作必要的图片及表格进行说明

文字内容	照片 / 图片 / 视频 / 录音的要求
砖加工工具 如：斧子、扁子、木敲手、磨头、包灰尺、刨子等的尺寸及外观描述、作用、使用方法等	拍摄照片、制作必要的图片及表格进行说明
其他补充	拍摄照片、制作必要的图片及表格进行说明

3. 瓦作工具（表3-12）

表3-12 瓦作工具调查表

填表人：　　　　　　　　　　　　　　　　　　　　　　　时间：

文字内容	照片/图片/视频/录音的要求
搬运工具 如：轮滑、竹筐等的尺寸及外观描述、作用、使用方法等	拍摄照片、制作必要的图片及表格进行说明
苫背及铺瓦工具 如：灰板、瓦刀、抹子、鸭嘴、二齿、三齿等的尺寸及外观描述、作用、使用方法等	拍摄照片、制作必要的图片及表格进行说明
其他补充	拍摄照片、制作必要的图片及表格进行说明

4. 石作工具（表3-13）

表3-13 石作工具调查表

填表人：　　　　　　　　　　　　　　　　　　　　　　　　时间：

文字内容	照片／图片／视频／录音的要求
开采工具 如：钢钎、大錾、手锤、钢錾、钢楔等的尺寸及外观描述、作用、使用方法等	拍摄照片、制作必要的图片及表格进行说明
砌筑工具 如：铁锤、撬棍等的尺寸及外观描述、作用、使用方法等	拍摄照片、制作必要的图片及表格进行说明
加工工具 如：剁斧、斧子、錾子、哈子、砸花锤、扁子、刀子、剁子、楔子、无齿锯、磨头等的尺寸及外观描述、作用、使用方法等	拍摄照片、制作必要的图片及表格进行说明

续表

文字内容	照片 / 图片 / 视频 / 录音的要求
量划工具 如：直尺、折尺、曲尺、线坠、大锤、墨斗等使用方法等	拍摄照片、制作必要的图片及表格进行说明
清洁养护工具 如：竹丝刷、水壶、麻袋片、草席等的尺寸及外观描述、作用、使用方法等	拍摄照片、制作必要的图片及表格进行说明
搬运工具 如：灰斗、齿耙、扛棒、铅丝、绳索等的尺寸及外观描述、作用、使用方法等	拍摄照片、制作必要的图片及表格进行说明
其他补充	拍摄照片、制作必要的图片及表格进行说明

5. 土作工具（表3-14）

表3-14　土作工具调查表

填表人：　　　　　　　　　　　　　　　　　　　　　　　　　　时间：

文字内容	照片/图片/视频/录音的要求
夯土工具 如：大夯、小夯、燕别翅、硪、拐子、铁拍子、楼耙、铁锹、镐、筛子等的尺寸及外观描述、作用、使用方法等	拍摄照片、制作必要的图片及表格进行说明
版筑工具 如：打墙板、插杆、大绠、抬筐、扁担、簸箕等的尺寸及外观描述、作用、使用方法等	拍摄照片、制作必要的图片及表格进行说明
土坯工具 如：铁锹、二齿钩、三齿钩、水桶、木模、石板、石踩子等的尺寸及外观描述、作用、使用方法等	拍摄照片、制作必要的图片及表格进行说明
其他补充	拍摄照片、制作必要的图片及表格进行说明

6. 竹作工具（表3-15）

表3-15　竹作工具调查表

填表人：　　　　　　　　　　　　　　　　　　时间：

文字内容	照片 / 图片 / 视频 / 录音的要求
加工工具 如：锯、蔑刀、尖刀等的尺寸及外观描述、作用、使用方法等	拍摄照片、制作必要的图片及表格进行说明

7. 油漆、彩画工具（表3-16）

表3-16 油漆、彩画工具调查表

填表人：　　　　　　　　　　　　　　　　　　　　　　　时间：

文字内容	照片/图片/视频/录音的要求
地仗工具 如：刷子、布掸子、麻轧子、尺、线坠等的尺寸及外观描述、作用、使用方法等	拍摄照片、制作必要的图片及表格进行说明
油漆工具 如：熬油锅、搅油勺、搅拌桶、木刮板、刷子、筛箩、小扫帚、铲子等的尺寸及外观描述、作用、使用方法等	拍摄照片、制作必要的图片及表格进行说明
彩画工具 如：笔、尺、刷等的尺寸及外观描述、作用、使用方法等	拍摄照片、制作必要的图片及表格进行说明
其他补充	拍摄照片、制作必要的图片及表格进行说明

（五）造房工匠

1. 匠师的组织形式（表 3-17）

表 3-17 匠师的组织形式调查表

填表人： 时间：

文字内容	照片 / 图片 / 视频 / 录音的要求
工匠队伍的形式及分工 工匠队伍形式如：由工头或掌墨师傅组织领导的工匠队伍、由古建筑公司组织领导的施工队伍，或是零散无组织的工匠等。需说明工匠队伍内的分工与合作形式	拍摄必要的照片、制作必要的示意图进行说明
工匠雇佣与管理 工匠的选择与雇佣、施工队伍的契约形式、报酬计算形式、报酬支付形式、发生纠纷的解决办法等	拍摄必要的照片、制作必要的示意图进行说明
匠艺传承 匠艺传承方式（如：师徒传授、学堂传授等）、匠师派系、匠艺传承谱系等	拍摄必要的照片、制作必要的示意图进行说明

续表

文字内容	照片 / 图片 / 视频 / 录音的要求
工匠图纸 / 丈杆形式及原理 工匠图纸形式如：平面图、侧样图等；丈杆形式如：一根（或多根）木制（或竹制）丈杆。需说明清楚图纸及丈杆上的符号释义	拍摄照片、制作必要的图片进行说明
匠谚口诀 由工匠掌握的蕴含营建施工方法的谚语、顺口溜、口诀	拍摄照片、制作必要的示意图进行说明
其他补充	

2．匠师采访信息表（表 3-18）

表 3-18　匠师采访信息调查表

填表人：　　　　　　　　　　　　　　　　　　　　　　　　时间：

序号	姓名	联系电话	性别	民族	出生年月	文化程度	所属村镇	拜师学艺时间	从艺时间以及经历	擅长技艺	所带徒弟	所拜师傅	从艺地区	建造建筑的类型及名称	匠师头像照片
1															
2															
3															
4															
5															
6															
7															
8															

（六）建房工序（表 3-19）

表 3-19　建房工序调查表

填表人：　　　　　　　　　　　　　　　　　　　　　　　　　　时间：

文字内容	照片 / 图片 / 视频 / 录音的要求
建房工序 如：雇佣匠师、选址、择日、平场、挖地基、砌台基、大木开工、木构架构件加工、立房、上梁、排扇、上檩、上椽、砌墙 上瓦、装修、入住等的大致流程，以及各步骤所需工匠数量、耗时（天）等	拍摄照片、视频，制作必要的示意图进行说明
各匠作的时间分配、各匠作之间的配合 大木作、小木作、泥水作等各匠作介入民居营建过程的时间节点、所耗费的工时	拍摄必要的照片、视频，制作必要的示意图进行说明
其他补充	

（七）造房工艺

1. 屋基工艺（表 3-20）

表 3-20　屋基工艺调查表

填表人：　　　　　　　　　　　　　　　　　　　　时间：

文字内容	照片 / 图片 / 视频 / 录音的要求
屋基营建方法、步骤总述 屋基整体营建方法、步骤、营建特点等	拍摄照片、视频，制作必要的示意图进行说明
处理基础 基础开挖及地基加固（如：夯实、桩基等）的方法及详细步骤	拍摄照片、视频，制作必要的示意图进行说明
砌筑台基 铺砌条石、安放柱础、砌筑石质门框等的方法及详细步骤	拍摄照片、视频，制作必要的示意图进行说明

文字内容	照片 / 图片 / 视频 / 录音的要求
台基石活的加工 柱础 / 柱顶石、阶条石、陡板石等的制作、加工方法及详细步骤	拍摄照片、视频，制作必要的示意图进行说明
踏跺及坡道 台基踏跺及坡道的制作及安装方法及详细步骤	拍摄照片、视频，制作必要的示意图进行说明
室内外铺地 各种室内、室外地面的铺砌方法及详细步骤	拍摄照片、视频，制作必要的示意图进行说明
其他补充	拍摄照片、视频，制作必要的示意图进行说明

2. 构架工艺（表3-21）

表3-21　构架工艺调查表

填表人：　　　　　　　　　　　　　　　　　　　　　　时间：

文字内容	照片 / 图片 / 视频 / 录音的要求
构架营建方法、步骤总述 屋基整体营建方法、步骤、营建特点等	拍摄照片、视频，制作必要的示意图进行说明
丈杆的原理及制作、加工方法及详细步骤 丈杆 / 蒿尺 / 花杆 / 鲁杆等的原理及制作、加工方法及详细步骤	拍摄照片、视频，制作必要的示意图进行说明
各类构件的制作、加工方法及详细步骤 各类构件（如：柱类构件、梁类构件、枋类构件、板类构件、椽及连檐等）的制作、加工方法及详细步骤，特殊构件应单独列出叙述	拍摄照片、视频，制作必要的示意图进行说明
其他补充	

3. 墙体工艺（表 3-22）

表 3-22 墙体工艺调查表

填表人：　　　　　　　　　　　　　　　　　　　　　　　　时间：

文字内容	照片 / 图片 / 视频 / 录音的要求
墙体营建方法、步骤总述 墙体整体营建方法、步骤、营建特点等	拍摄照片、视频，制作必要的示意图进行说明
各类墙体的建造方法及详细步骤 各类墙体（如：砖墙、石墙、夯土墙、木板壁、竹编夹泥墙等）的制作、加工方法及详细步骤。砖墙面需说明各种砌筑类型的摆砌方法（如：干摆、淌白、丝缝、碎砖墙等）	拍摄照片、视频，制作必要的示意图进行说明
墙面的灰缝形式及常用勾缝手法 墙面灰缝形式如：平缝、凹缝、凸缝等。常用勾缝手法如：耕缝、划缝、弥缝、串缝、描缝等，需说明各种勾缝手法的步骤	拍摄照片、制作示意图进行说明

续表

文字内容	照片 / 图片 / 视频 / 录音的要求
砖墙墙体的转角和内部的组砌 说明砖墙内里和外皮砖的拉结方式，砖墙转角部位砖的组砌方式	拍摄照片、制作示意图进行说明
各种砌筑类型的组合方式、等级与主次概念 各种砌筑类型的组合原则、组合方式；同一墙体内、同一建筑群体内砌筑类型的等级与主次关系；各种砌筑类型及其组合之间的主次与等级顺序等	拍摄照片、制作示意图进行说明
其他补充	拍摄照片、制作示意图进行说明

4. 屋顶工艺（表 3-23）

表 3-23　屋顶工艺调查表

填表人：　　　　　　　　　　　　　　　　　　时间：

文字内容	照片 / 图片 / 视频 / 录音的要求
屋顶营建方法、步骤总述 屋顶整体营建方法、步骤、营建特点等	拍摄照片、视频，制作必要的示意图进行说明
屋面铺砌 各种屋面铺砌方法及详细步骤	拍摄照片、视频，制作必要的示意图进行说明
做正脊 各种正脊的铺砌方法及详细步骤	拍摄照片、视频，制作必要的示意图进行说明
做垂脊 各种垂脊的铺砌方法及详细步骤	拍摄照片、视频，制作必要的示意图进行说明
其他补充	

5. 装修工艺（表3-24）

表3-24 装修工艺调查表

填表人： 时间：

文字内容	照片/图片/视频/录音的要求
装修营建方法、步骤总述 装修整体营建方法、步骤、营建特点等	拍摄照片、视频，制作必要的示意图进行说明
槛框的制作、加工方法及详细步骤	拍摄照片、视频，制作必要的示意图进行说明
各类门的制作、加工方法及详细步骤 如：院门、大门、隔扇等的制作、加工方法及详细步骤	拍摄照片、视频，制作必要的示意图进行说明

续表

文字内容	照片/图片/视频/录音的要求
各类窗的制作、加工方法及详细步骤 如：支摘窗、开扇窗、横披窗、什锦窗等的制作、加工方法及详细步骤	拍摄照片、视频，制作必要的示意图进行说明
各类栏杆的制作、加工方法及详细步骤 如：花栏杆、靠背栏杆等的制作、加工方法及详细步骤	拍摄照片、视频，制作必要的示意图进行说明
各类楣子的制作、加工方法及详细步骤 如：倒挂楣子、坐凳楣子等的制作、加工方法及详细步骤	拍摄照片、视频，制作必要的示意图进行说明
各类室内隔断的制作、加工方法及详细步骤 如：板壁、碧纱橱、太师壁、罩、博古架、书格等的制作、加工方法及详细步骤	拍摄照片、视频，制作必要的示意图进行说明

续表

文字内容	照片 / 图片 / 视频 / 录音的要求
各类天花的制作、加工方法及详细步骤 如：砌上明造、天花、轩等的制作、加工方法及详细步骤	拍摄照片、视频，制作必要的示意图进行说明
楼板的制作、加工方法及详细步骤	拍摄照片、视频，制作必要的示意图进行说明
各类楼梯的制作、加工方法及详细步骤	拍摄照片、视频，制作必要的示意图进行说明
其他补充	拍摄照片、视频，制作必要的示意图进行说明

（八）民居装饰

1. 装饰工艺（表3-25）

表3-25　装饰工艺调查表

填表人：　　　　　　　　　　　　　　　　　　　　　　　　　　　　时间：

文字内容	照片/图片/视频/录音的要求
装饰工艺的制作方法、步骤总述 区域内传统民居装饰工艺的类型、特点等	拍摄照片、视频，制作必要的示意图进行说明
各类装饰工艺的制作、加工方法及详细步骤 各类装饰工艺（如：木雕、砖雕、石雕、灰塑、泥塑、陶塑、油漆、彩画/墨画等）的制作、加工方法及详细步骤（从选料、放样、制作到最终安装）	拍摄照片、视频，制作必要的示意图进行说明
具他补充	拍摄照片、视频，制作必要的示意图进行说明

2. 装饰纹样（表 3-26）

表 3-26 装饰纹样调查表

填表人：　　　　　　　　　　　　　　　　　　　　　　　　时间：

文字内容	照片 / 图片 / 视频 / 录音的要求
装饰形式、纹样总述 区域内传统民居重点装饰部位、装饰形式、纹样的特点	拍摄照片、视频，制作必要的示意图进行说明
重点装饰部位及其装饰形式 区域内传统民居重点装饰部位及装饰形式（重点装饰部位如：柱础，其装饰形式常见为石质方形柱础，四面雕刻花草或吉祥图案；石质圆鼓形柱础，光洁无雕饰……）	拍摄照片、视频，制作必要的示意图进行说明
装饰纹样及其背后的含义 区域内装饰纹样（如：喜上眉梢、八仙、福在眼前等）及其背后的含义	拍摄照片、视频，制作必要的示意图进行说明
其他补充	

（九）修缮技术（表3-27）

表3-27 修缮技术调查表

填表人： 时间：

文字内容	照片/图片/视频/录音的要求
修缮方法、步骤总述 区域内传统民居修缮方法、步骤、营建特点等总述	拍摄照片、视频，制作必要的示意图进行说明
各类传统民居修缮方法及详细步骤 传统民居各部位（如：屋基、构架、墙体、装修、屋顶）相应修缮方法（如：剔挖凿补、局部揭墁、钻生养护、局部挖补、偷梁换柱、打牮拨正、除草清垄）及详细步骤	拍摄照片、视频，制作必要的示意图进行说明
改扩建措施 传统民居改扩建措施（如：增设披屋、偏厦、披檐等）	拍摄照片、视频，制作必要的示意图进行说明
其他补充	

（十）造房风俗

需交代清楚人物、地点、材料、过程、作用等细节（表 3-28）。

表 3-28 造房风俗调查表

填表人：　　　　　　　　　　　　　　　　　　　　时间：

文字内容	照片 / 图片 / 视频 / 录音的要求
择吉日 择吉日过程中的礼俗禁忌、歌诀等	拍摄照片、视频，制作必要的示意图进行说明
选址 选址过程中的礼俗禁忌、歌诀等	拍摄照片、视频，制作必要的示意图进行说明
破土动工 破土动工过程中的礼俗禁忌、歌诀等	拍摄照片、视频，制作必要的示意图进行说明

续表

文字内容	照片 / 图片 / 视频 / 录音的要求
立木竖屋、上梁 立木竖屋、上梁过程中的礼俗禁忌、歌诀等	拍摄照片、视频，制作必要的示意图进行说明
落成 落成时的礼俗禁忌、歌诀等	拍摄照片、视频，制作必要的示意图进行说明
入住 入住时的礼俗禁忌、歌诀等	拍摄照片、视频，制作必要的示意图进行说明

续表

文字内容	照片 / 图片 / 视频 / 录音的要求
空间布局 村落布局、宅院布局、室内布局中的风俗观念	拍摄照片、视频，制作必要的示意图进行说明
尺度形制 营建用尺（如：门光尺、压白尺等）、形制吉凶（如：宅形吉凶、间数吉凶、造门吉凶等）	拍摄照片、视频，制作必要的示意图进行说明
风俗图谶 辟邪物（如：瓦将军、石敢当、兽牌、吉杆、山海镇、八卦镜等）、符咒（如：匠人符咒、门符、镇宅符、井符、床符等）	拍摄照片、视频，制作必要的示意图进行说明
其他补充	

（十一）地域适应性技术（表 3-29）

表 3-29　地域适应性技术调查表

填表人：　　　　　　　　　　　　　　　　　　　　　　　　时间：

文字内容	照片/图片/视频/录音的要求
地域适应性技术总述 区域内传统民居因地制宜的适宜技术的整体特点	拍摄照片、视频，制作必要的示意图进行说明
地域适应性技术 因地制宜的适宜技术，包括虫害与鸟害的防治技术、抗震技术、防风技术、防火技术、防雷技术、采光技术、通风技术、采暖技术、隔热技术、排水技术、防潮技术、防腐技术等	拍摄照片、视频，制作必要的示意图进行说明
其他补充	

（十二）地方志、相关文史资料的整理（表3-30）

表3-30 地方志、相关文史资料的整理表

填表人： 时间：

文字内容	照片/图片/视频/录音的要求
地方志、相关文史资料的整理 将相关地方志、文史资料中与该地区营建工艺相关的内容摘录列于下	拍摄照片、视频，制作必要的示意图进行说明

（十三）区域营建工艺特点总结（表3-31）

表3-31　区域营建工艺特点总结调查表

填表人：　　　　　　　　　　　　　　　　　　　　　　　　时间：

文字内容	照片/图片/视频/录音的要求
突出的特点、问题与现象 区域内传统民居营建中较为突出的特点、问题与现象等，视情况作进一步补充	拍摄照片、视频，制作必要的示意图进行说明
营建工艺的变迁 区域内营建工艺的历史发展、当下的现状与变化	拍摄照片、视频，制作必要的示意图进行说明
其他补充	

（十四）参考文献列表（表3-32）

表3-32 参考文献列表

填表人： 时间：

文字内容	照片/图片/视频/录音的要求
参考文献 该区域民居营建工艺相关参考文献的搜集与汇总，需备注清楚文献信息（如：书名、作者、摘录页码、出版社等信息）	拍摄必要的照片辅助说明

四、匠师采访问题参考

匠师采访是实地调查过程中相当重要的一个环节，现根据调查的内容要求和总结实地调研过程中的经验，分类整理相关匠师采访参考问题如下：

（一）相关背景

（1）匠师的姓名、年龄、文化程度、擅长技艺、师承、学艺、从艺时间、所收徒弟、从艺地点等？

（2）当地是否仍利用传统方式新建或修缮民居，通常每年什么时候建房？为什么？

（3）当地建房相关的历史故事、传说？

（4）民居建造有哪些流程？建成需多长时间？

（二）民居建房前的准备

（1）民居建房前需要做哪些准备？

（2）民居建房用地哪来？谁来选址？根据什么？

（3）勘地时有无仪式？

（4）如何决定民居的朝向、形制？

（5）修建民居有无等级次序规定？

（6）民居建房需要用到什么材料？材料来源？材料价格？如何决定材料用量？

（7）建房工匠从哪儿请？什么时候请？有无包工头？是否签订合同？工匠报酬的计算与形式？

（8）哪些工种的工匠参与建造？各阶段参与的人数？

（三）设计

（1）有无设计？谁来设计？有无图纸？图纸形式？

（2）设计考虑哪些因素？

（3）如何决定民居的规模？功能布局？层高？

（4）民居建筑的面宽、进深多少？有无规定？

（5）台基、院落之间的高差有无规定？

（6）民居构件之间有无固定比例尺度关系？

（7）工匠是否有匠谚口诀？具体内容？

（8）民居房屋、构件的尺寸有无忌讳？

（9）是否制作丈杆？丈杆形式？

（四）基础处理

（1）如何平整屋基？开挖多深？如何处理基础？

（2）如何砌筑台基？

（3）用到哪些工具？

（五）屋架的制作、搭接、竖立

（1）木构架的形式如何？

（2）柱、梁、枋、檩、板、椽等各类构件的制作加工步骤？

（3）构件之间的搭接关系？榫卯做法？

（4）用到哪些工具？

（5）与传统木架形式相比有无新变化？

（6）安装屋架的步骤？所需人数？需要多少时间？安装屋架的习俗仪式？

（六）砌墙

（1）什么时候开始砌墙？

（2）墙体厚度？

（3）如何砌墙？砌墙时砖的组合形式？如何勾缝？所需工具？

（4）墙面是否粉刷？

（七）上瓦

（1）什么时候开始上瓦？

（2）苫背做法？

（3）上瓦步骤？

（4）屋脊做法？

（八）装修

（1）什么时候开始装修？

（2）室内外装修包括什么内容？各类装修分别有哪些形式？

（3）各类装修制作步骤？如何安装？

（4）如何刷漆或桐油？

（九）装饰

（1）台基、构架、墙体、屋顶、装修各部分分别有哪些重点装饰部位？

（2）纹样的类型？背后的含义？

（十）造房风俗

（1）选址、破土动工、立木竖屋、上梁、落成、进宅、搬家等过程中有哪些习俗仪式？仪式的具体形式（时间、人物、地点、道具、习俗歌诀、内容形式）？

（2）建房过程中有哪些禁忌讲究？

（3）村落、院落、房屋、室内的布局有没有什么禁忌讲究？

（4）建筑中有无什么辟邪物？

（5）民居建筑尺度有无吉凶讲究？

（十一）维修、维护

（1）房屋构件寿命多长？

（2）出现损坏如何修理？

（3）如何保暖防寒？排水防潮？通风隔热？防风？防雷？采光？防腐？防火？防虫害鸟害？抗震？

（4）房屋改扩建措施？

第四章

调查实例——贵州黔东南苗族地区木构干栏式民居营建工艺调查报告

一、调查背景

（一）研究的背景及意义

贵州黔东南苗族地区木构干栏式民居营建工艺的调查是缘起于国家支撑计划课题《传统村落民居营建工艺传承、保护与利用技术集成与示范》的课题任务。传统民居营建工艺正面临着濒危或失传的危险，亟须传承与保护，而对传统村落民居营建工艺的充分研究与把握是相关保护与传承工作的基础。位于贵州黔东南苗族侗族自治州雷公山区的苗族建筑因保持着古老的干栏式而具有特色。干栏式建筑分为全干栏式与半干栏式，这里的干栏式建筑属于半干栏式，俗称吊脚楼。雷公山区的苗族传统建筑匠师擅长在斜坡上搭建吊脚楼，在长期的营造实践中积累了丰富的技术和经验，2006 年 5 月 20 日，“苗寨吊脚楼营造技艺”经国务院批准列入第一批国家级非物质文化遗产名录。

在雷公山区以吊脚楼为特色的数百个村寨中，现今最典型、保存最好的是雷山县的西江镇村寨、郎德上寨[1]，台江县的九摆寨、方白寨，剑河县的久吉寨、温泉寨，从江县的岜沙寨。其中西江镇地处贵州省黔东南苗

[1] 郎德苗寨位于凯里市东南 27 公里的苗岭腹地，分上、下两自然寨。其中朗德上寨是一个有百户人家的苗族村寨，郎德上寨系苗语“能兑昂纠”的意译，“能兑”即欧兑河下游之意，村以河名，“昂纠”即上寨，郎德上寨因属郎德地片上方，故名。

族侗族自治州雷山县东北部，由十余个依山而建的自然村寨相连成片，是目前中国乃至全世界最大的苗族聚居村寨。近年来，西江旅游经济迅猛发展，营造活动较为活跃，这对笔者实地调查过程中记录现场的营造技艺有所帮助，但是由于社会的巨大变革使得西江镇村寨风貌每年都会发生很大改观，而且产业结构的调整对吊脚楼的营造及使用方式产生了影响。而在朗德上寨的古建筑群被列为我国第五批重点文物保护单位，这里的苗族人民仍然保持着农耕为主的生活方式，吊脚楼建筑也保持了比较原始和传统的风貌。另外，朗德上寨的苗民大多会木工，且多位苗寨吊脚楼技艺的非遗传承人居住在这里，在这里开展实地调查将有助于笔者寻访传统工匠，查证传统苗居吊脚楼的形制、结构、功能布局等。

相关学者及研究机构对黔东南干栏式建筑的研究对黔东南苗族地区木构干栏式民居营建工艺的实地调查及研究提供了一定的基础。李先逵先生的《干栏式苗居建筑》从建筑角度对苗族吊脚楼进行了全面而深入的研究，对干栏式苗居的选址、平面布局、功能结构、建筑历史等进行了介绍；罗德启先生的《贵州民居》中对贵州各种民居分别加以介绍，其中涉及苗族吊脚楼。中国建筑艺术研究院编写的《苗族吊脚楼传统营造技艺》一书中，根据营造技艺的特点，对历史、自然及社会环境、结构和功能、材料、工具、工艺流程以及相关的文化习俗等内容进行了介绍，但在吊脚楼结构和营造技艺的记录和研究上显得较为单薄，如各种构件的尺寸变化、榫卯和搭接方式、具体各类构件做法过程步骤等方面。上述成果为即将展开的研究奠定了一定基础，可以看到现有研究多偏重于苗居的形制、功能、结构，或侧重于建筑文化，对相关营建技艺的研究尚有不足，可以说这是有待研究和深入的方向。

（二）研究对象和内容

通过充分的田野调查记录和整理黔东南干栏式苗居大木作营造技艺的内容，结合黔东南干栏式苗居的历史、自然及社会文化背景，从大木匠师的职责、匠艺传承、大木作设计、大木作建造技术、大木作营建过程中的礼俗等方面来对黔东南干栏式苗居大木作营建技艺内在原理和逻辑进行分析研究，并总结其特点，完善黔东南干栏式苗居研究体系，为相关传统民居的保护、修缮、传承工作提供参考和依据。

（三）研究内容概念界定

1. 黔东南苗族地区

贵州是苗族最大的聚居区，数量约占全国苗族人口的一半，而黔东南地区属最大最典型的地区。从行政区域看，全州16个县均有苗族分布，但主要集中于黔东南苗族侗族自治州的凯里、雷山、台江、剑河、黄平、施秉、丹寨、麻江、榕江、从江等地。其中以雷公山地区的苗居最为典型，雷公山地区是我国最集中的苗族聚居区之一，这里深山密林交通不便，受外界影响较小，仍然保持着古老的干栏式住居形式，因此具有代表性，本文中所指黔东南干栏式苗居是指以雷公山区为代表的干栏式苗居。其余地方如凯里、黄平、施秉等地的苗居在建筑上均不同程度受到汉式建筑的影响而采取地居形式，因此不在本书研究范围之内。

2. 干栏式

"干栏"一词及其称谓，最早出自《魏书·僚传》，其中："僚者，盖南蛮之别种，自汉中达于邛笮川洞之间……依树积木，以居其上，名曰干栏。干栏大小，随其家口之数。"[1]用来表述一个叫僚的古代民族的住宅。此后的历代文献多有描述，称谓有干兰、干阑、擖栏、阁栏、阁栏头、麻栏等。

干栏式建筑的概念更加广泛，只要底层架空、半架空，或采用了架空地板的建筑都被称为干栏式，功能也不仅仅指住宅，而是泛指所有建筑。不仅包括上述少数民族居住的干栏，还包括底层架空的粮仓、早期使用架空地板的宫殿等。

在描述少数民族建筑时，经常根据地形情况，把干栏分成全干栏和半干栏。全干栏是指全部建筑架空并且高出地面。半干栏是指建在台地或斜坡上，地板一部分使用架空地板，一部分使用地面的建筑。在四川、湖

[1] 许嘉璐，安平秋. 二十四史全译·魏书［M］. 上海：汉语大词典出版社，2004：1913.

南、湖北、贵州等地，半干栏也俗称为“吊脚楼”。

3. 营造技艺

营造一词在中国现代汉语词典中解释为：①建筑，修筑：营造桥梁。②制造，做：营造器物。在本书中，营造是指民居修建的整个过程，包括设计、选材、构件加工、立架等程序；营造技艺则是在营造过程中匠师所运用的技法、技巧以及所遵循的原则。

（四）研究方法和思路

本书采取文献调查与田野调查相结合的方法。以文献调查作为研究的基础，以田野调查作为主要的研究手段，此两种方法互相衔接互相支持。文献调查主要是对中国古建筑经典著作的了解和掌握，以及对关于贵州黔东南苗族地区吊脚楼大木作营建工艺相关研究成果的分析与探讨；在理论支撑的基础上，进行实地田野调查，对当地的传统建筑进行调查与测绘，并通过现场参与观察和匠师访谈了解该地区木构架的营建流程以及该地区在构件名称与建造方法上的独有特征，并对大木营造过程中的方法原理进行总结。

二、黔东南干栏式苗居营建工艺的源流与环境

（一）黔东南干栏式苗居营建工艺的源流

传统苗居吊脚楼在漫漫历史长河中是怎样演变而来，对此并没有直观的记载，笔者也许可以从文献资料和建筑考古发现中来推断其历史进程。苗族吊脚楼为半干栏式，或是干栏式建筑适应山地环境演变而来。干栏式建筑源于树居或巢居，《庄子》云：“古者禽兽多而人民少，于是民皆巢居以避之。”干栏式建筑曾广泛流行于长江中下游地区，在长江中下游河姆渡文化、马家浜文化、良渚文化等史前文化遗址的发掘中都发现了干栏式建筑痕迹，其穿斗榫卯技术已相当成熟。苗族源于远古时期的蚩尤部落，

生活于黄河下游与长江下游中间的平原地区，经历多次的征战与讨伐，先后进行了四次大迁徙，途经江淮地区，武陵、五溪地区，其中部分沿清水江、都柳江进入黔东南。❶苗族先民在迁徙过程中带来了长江中下游先进的造房技术。西江苗族吊脚楼保留了某些古代建筑的传统做法，如喜用歇山屋顶，有的歇山屋顶呈现上下两迭形式，这是中国早期歇山式屋顶的构造特征。在汉代画像石、石阙、明器中我们可以看到这样的特点："汉代及以前的做法，角椽与正椽平行，屋檐为直屋檐……❷"黔东南苗居吊脚楼屋檐没有起翘，沿用了这种早期建筑的做法。"从敦煌莫高窟唐宋壁画和陕西已发掘的几处唐墓壁画中可以看到许多幢建筑的角椽是与正椽平行排列的。敦煌留存下来的几座唐宋窟檐和麦积山西魏、北周的窟檐也是平行椽。以上这些将椽子作平行排列的建筑檐口线都呈直线状，翼角处没有起翘和出翘。再联想到大量的汉明器、画像砖、画像石上所表现的直屋檐和平行椽，河南博物馆所藏隋开皇二年（公元 582 年）的石刻歇山屋顶是直屋檐，以及日本受中国影响的几座早期建筑也使用平行椽子的情况。"❸这些形制实为古代曾经出现过的手法，中国历朝历代对边疆地区实行封闭政策，再加上苗族久居深山，交通不便，这或许是为什么传统吊脚楼保留有许多古制的原因。

（二）黔东南干栏式苗居营建工艺的分布与现状

苗族由于历史上的多次迁徙在我国整个西南地区的分布都极为分散，在贵州主要分布于武陵山、雷公山、云雾山、大娄山、乌蒙山等地区。整个黔东南地区分布有数百个苗族村寨，其中比较典型且保存完整的有雷山县的西江苗寨、郎德上寨、台江的九摆苗寨、方白苗寨，剑河县的久吉苗寨、温泉苗寨，从江县的岜沙苗寨。在苗族与其他民族杂居的地方，苗居

❶ 石朝江．苗族历史上的五次迁徙波［J］．贵州民族研究，1995（1）：121-125．

❷ 鲍鼎，刘敦桢，梁思成．汉代建筑式样与装饰［C］．// 中国营造学社．中国营造学社汇刊：第五卷第二期．北京：知识产权出版社，2006：8．

❸ 张静娴．飞檐翼角（下）［C］．// 清华大学建筑系．建筑史论文集：第四辑．北京：清华大学出版社，1980，67．

会受到汉式建筑或其他民居建筑文化的影响。如贵州松桃、铜仁一带的苗居与汉族、土家族的民居形式接近，以封闭式院落为主；武陵山区的苗居既有自己的民族传统又吸收了汉族文化的内容。雷公山区的朗德上寨古建筑群保存最为完整被列为我国第五批重点文物保护单位，且列入我国第一批传统村落名录；西江苗寨是目前中国乃至全世界最大的苗族聚居村寨，为省级文物保护单位。

《苗族古歌》之《枫香树种》中唱到："回头看当初，悠悠古时候，固劳老公公，要盖树种房。哪个做师傅？什么当尺量？哪个牵墨线，弹墨直又长？劳公老公公，要盖树种房。养优做师傅，闪电当尺量。太阳牵墨线，弹墨直又长。"[1]牵墨线与弹墨是木工和木构建筑营造中不可缺少的环节，《枫香树种》中的唱词为古时苗族建房赋予了深化色彩。

《苗族古歌》之《打柱撑天》中，打造和竖立撑天柱来支撑天地意象与建房的意象交织在一起。一方面反映了古时苗族建房的情景，另一方面体现了房屋对人们的荫庇。[2]

由于相关部门的保护和旅游业的发展等原因，西江仍在兴建传统吊脚楼建筑，其匠艺的传承是苗寨吊脚楼营建活动得以延续和发展的重要条件。2005 年 6 月，"苗寨吊脚楼营造技艺"被列为第一批国家级非物质文化遗产，但是现今黔东南传统营建技艺受到新材料、新工艺的冲击，再加上师徒传承的局限性，传统干栏式苗居营建技艺也面临失传的危险，其传承与保护工作迫在眉睫。

（三）自然环境对黔东南干栏式苗居营建工艺的影响

贵州黔东南地区一般海拔 300~500 米，为本省高温重湿地区。最冷月平均气温在 6℃以上，最热月平均气温 27℃以上。冬暖夏热，雨量大，湿气重，省内主要高温和多雨区都在本气候区内。河谷低地甚至出现 40℃以上的最高气温，但高坡地带因湿度大冬季仍感寒冷。建筑隔热通风防雨

❶ 田兵．苗族古歌［M］．贵州：贵州人民出版社，1979：122-123.

❷ 田兵．苗族古歌［M］．贵州：贵州人民出版社，1979：69-82.

防湿以及采暖必不可少。苗族聚居区大多属于本气候区。

黔东南主要农作物是水稻和玉米，清水江两岸的层层梯田被誉为“苗家粮仓”。黔东南出产的木材资源颇享盛誉。据《黔南识略》载，此地所产之“苗木”“十八年杉”，早在六百多年前便从清水江、都柳江运往全国各地。特别是在苗族聚居区中心的雷公山区，森林茂密，是全国著名林区之一。

（四）社会环境对黔东南干栏式苗居营建工艺的影响

黔东南苗族吊脚楼之所以能够呈现今天所看到的风貌现状，与其历史以来的社会环境有着深刻的关系。苗族历史上由于战争等原因经历了四次大迁徙，在历代统治阶级的镇压和驱赶下，苗族被迫居住在偏僻深山之中。为了保留河岸两旁冲击地带的肥沃耕地，苗族不得不居住在陡峭崎岖的山上，久而久之便形成了现在所看到的吊脚楼。长期以来，苗族人民处于自给自足的小农村经济状态，有的甚至过着原始刀耕火种的生活，吊脚楼长期保持着原有的传统风貌。近年来随着交通的发展、广播电视的普及以及苗族与现代社会日益密切的交流，现代社会的文明对苗族社会文化产生了冲击，苗族人们在建房时也有希望建设钢筋混凝土小楼的愿望。黔东南政府在规划中对西江传统村落进行强制性的保护，为吊脚楼的风貌建设提供导向，规定新修的建筑主体必须保持木结构、瓦屋顶的风貌形式，建筑限高 11.6 米。不仅控制建筑风貌，在保护歌舞、刺绣、营建工艺等苗族文化方面，政府也制定了政策和措施来进行复兴或保护，在政府强制实施的过程中也强迫文化主体加深认识和重视本土文化，强化了文化主体的自我认同感，以使他们在自身文化发展中作出包含“文化价值”的选择时避免盲目。当然这种影响反过来也要求政府在制定和实施相关政策律令的时候需严格保证其科学性。就现状来看，政府行政力量的介入对传统建筑风貌的保护和吊脚楼的延续与发展起到了积极作用。

三、黔东南干栏式苗居的选址布局与设计构思

（一）选址与布局

苗寨多聚族而居自成一体，一个寨子里面都是同姓宗族。山区地形起伏变化，平地稀少，肥沃、平坦的河床对于农业生产而言更为宝贵，因此沿河的地方都是农田，村寨选址多在靠近水源有河流经过的地方，背靠大山，以节约山脚溪谷平肥沃整的土地来耕作。村民的住房则顺着河谷两侧的山坡向上依山而建，并且各家选址时也尽量不占或少占适宜于耕作的土地（图 4-1~ 图 4-4）。

苗族建房大多讲究风水，"风水是苗民勘察确定阳宅阴宅的位置、朝向、布局、建造的理念和方法。苗族村民在山腰建房，多选择避风暖和处，民谚称之为'鬼占山，人占湾，鱼占滩'"，[1] 忌讳"虎头杀""鲁班杀"等节令日期。

图 4-1　村寨靠近河流
（黔东南雷山县郎德苗寨）

图 4-2　河岸的农田
（黔东南雷山县郎德苗寨）

图 4-3　山腰避风处建房
（黔东南雷山县西江镇）

图 4-4　依山势错落的建筑
（黔东南雷山县西江镇）

[1] 张欣. 苗族吊脚楼传统营造技艺［M］. 合肥：安徽科学技术出版社，2013：45-46.

苗寨人家每次建房前都要选址，苗语称“喉甘打点”。主人则不参与选址，由房主在本地或者去外村找有名望的长者或者风水先生帮忙选地基。选址忌讳“倒家杀”和“火星杀”。只要是自家的地，都可作建房之用，一般讲究点的人家要请风水先生来选址、看朝向。按照苗族地方习俗：横山坡、横山冲不能建房，因龙脉太强，害怕“背不动”，其实从地理学上来说是因为山脊和山坡不易形成山泉汇集，不容易引水生活和农业灌溉。

（二）建筑的基本形制

黔东南苗族地区木构干栏式民居是半干栏式穿斗型木结构建筑，房屋一部分架空，另一部分搁置在崖坡上，有的搁置部分也以石块支垫。其构架形式主要以五柱四瓜形式较为常见，其结构为三层或四层木楼，由于建于坡地之上，多采用半边悬空、半边落地的半干栏式构架结构，通常情况为四榀三间到六榀五间不等（图 4–5~ 图 4–7）。在构架形式的选择上，基本是以五柱四瓜为标准，其余的构架形式都是在此基础上结合基地的尺度大小变化而来，如进深较大的使用七柱、九柱，进深较小的选择三柱。部分人家需要在一楼建外走廊的要加设夹柱。传统苗居一般为四榀三间，搭两偏厦，或五榀六间，个别六榀五间。苗居一般分为三层，底层饲养牲畜，平层生活居住，顶层堆放粮食杂物。平层功能空间的布置围绕堂屋展开，堂屋是生活居住的中心。苗族崇拜祖先，堂屋后隔一间房为祭祀空间，摆放先人牌位。堂屋前设置退堂，外侧设置美人靠，退堂相当于休闲区，苗家女子空闲时间就会坐在退堂唱歌、绣花。卧房布置在平层两侧，火塘屋或厨房一定设置在后方有地面的房间，因为火塘或灶火需设置在地面上。厕所一般设置在宅旁与生活空间分开。顶层两侧一般不封完壁板通风，使粮食自然风干不受潮，也有些儿女多的人家在顶层设置卧房，这样就需要把壁板封完整，在顶层分隔出卧室。

苗居多采用歇山式或悬山式屋顶，当地人称歇山屋顶为“四面倒水”。苗居屋面式样较为灵活，有的吊脚楼一山面作歇山顶，另一山面作悬山顶，形成混合式屋顶，皆因具体情况而设（图 4–8~ 图 4–10）。

图 4-5　苗居全貌
（黔东南雷山县郎德苗寨）

图 4-6　石砌基础
（黔东南雷山县郎德苗寨）

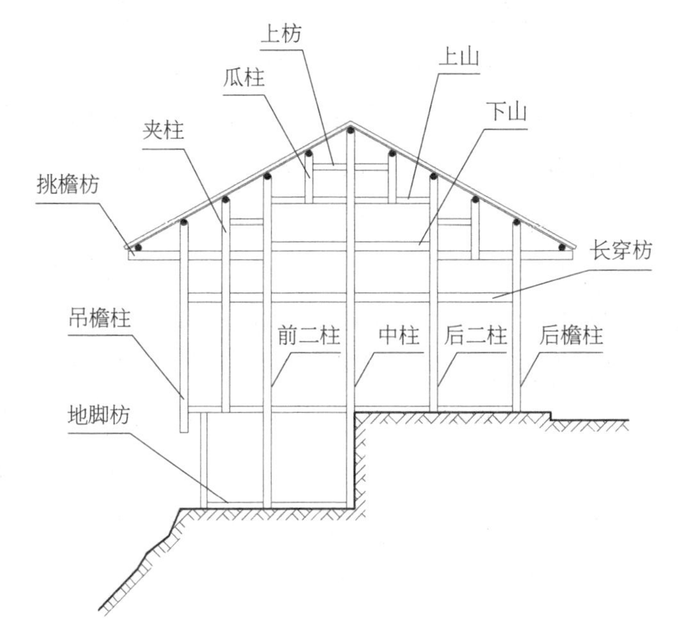

图 4-7　苗居五柱四瓜结构示意图及构件名称（作者自绘）

图 4-8　悬山屋顶
（黔东南雷山县郎德苗寨）

图 4-9　歇山屋顶
（黔东南雷山县郎德苗寨）

图 4-10　一面悬山一面歇山的屋顶
（黔东南雷山县郎德苗寨）

（三）建筑的装饰

苗族民居装饰的重点部位主要分布在大门、窗、美人靠、屋脊、封檐板、吊瓜等方面。部分人家大门的门楣有牛角形的装饰（图 4-11）。窗户的装饰主要体现在窗格样式上，苗族民居窗格有斗子、直棂、花格、万字形等装饰纹样（图 4-12~ 图 4-15）。屋脊装饰主要集中在明间正中及屋脊尽头的起翘上，屋脊正中间通常用瓦片堆叠或铺砌出蝴蝶纹饰（图 4-16），有些屋脊在堂屋上方的对应位置会以单片瓦片竖立起翘（图 4-17）。另外，正脊两头的尽端以及垂脊的尽端，也常用瓦片堆叠起翘（图 4-18）。在屋檐的封檐板上，通常会以类似水纹的线条将板材下方切割（图 4-19），也有民居不做水纹、无装饰的。吊柱装饰主要是下方施雕刻，纹样较少，多以平行线条或锯齿线条围绕吊瓜下端阴刻线槽，剖面造型上也有八角、南瓜、五角星等形状（图 4-20）。美人靠的装饰主要集中在两端侧面的木板，或刻线，或雕花，或镂空，有些人家美人靠座板下方的拦板也做了一些主人家喜爱的装饰，甚至有些人家直接把座板下方做成花格样式（图 4-21、图 4-22）。苗居一层入户处或上下一两层的楼梯往往设有栏杆，栏杆以简洁的直棂栏杆为主，也见带有雕刻的圆柱栏杆、栏板做成斗子纹样的栏杆等（图 4-23）。苗族民居装饰工艺均以简单的木雕、线刻为主，总体来说比较简洁。

图 4-11　门楣牛角形装饰
（黔东南雷山县郎德苗寨）

图 4-12　斗子窗
（黔东南雷山县郎德苗寨）

图 4-13　直棂窗（黔东南雷山县郎德苗寨、黔东南雷山县西江苗寨）

图 4-14　花格窗（黔东南雷山县郎德苗寨、黔东南雷山县西江镇）

图 4-15　万字窗
（黔东南雷山县郎德苗寨、
黔东南雷山县西江镇）

（1）堆叠

（2）蝴蝶纹饰

图 4-16　屋脊正中间的装饰（黔东南雷山县郎德苗寨、黔东南雷山县西江镇）

图 4-17　屋脊单片瓦片竖立起翘（黔东南雷山县郎德苗寨、黔东南雷山县西江镇）

图 4-18　屋脊尽端的瓦片堆叠起翘（黔东南雷山县郎德苗寨、黔东南雷山县西江镇）

图 4-19　封檐板的装饰（黔东南雷山县郎德苗寨、黔东南雷山县西江镇）

图 4-20　吊柱的装饰（黔东南雷山县郎德苗寨、黔东南雷山县西江镇）

图 4-21　美人靠的装饰（黔东南雷山县郎德苗寨、黔东南雷山县西江镇）

图 4-22　美人靠两端侧面的装饰（黔东南雷山县郎德苗寨、黔东南雷山县西江镇）

图 4-23　栏杆的装饰（黔东南雷山县郎德苗寨、黔东南雷山县西江镇）

（四）规制及模数化

传统苗居建筑是半干栏式穿斗型木结构建筑，构架形式以五柱四瓜为主，建筑通常为四榀三间到六榀五间不等。大部分苗居吊脚楼中间堂屋的楼枕要比两侧的抬高四五寸至七八寸[1]，有的甚至达到一尺，且中间堂屋开间比两侧大一尺，这样做的原因一是凸显堂屋的重要性；二是使得木构架之间的拉结、受力更合理（图 4-24）。苗居层高一般由房主自己定，但从一层到顶层每层递减三寸，底层牲畜圈的层高则视地势而定。房屋的宽度以地基的宽度来定，另外，吊瓜下面支撑的柱子一般放在挑出宽度的三分之二左右，不能挑出太多，否则房屋容易重心不稳向前倾塌。部分人家在一楼建外走廊的需加设夹柱，因为分割走廊的墙板需要卡在夹柱的企口上。挑檐枋需要从二柱出挑，若从夹柱或边柱出挑，檐头屋顶瓦量施加的重力会破坏架子的受力平衡。

图 4-24　中间的堂屋层高较高（黔东南雷山县郎德苗寨）

据西江苗寨董洪成师傅介绍，苗居屋顶原先为六扣，即檐柱顶与中柱顶的垂直距离与水平距离的比例为 6∶10，后来由于采光的需要变为 5∶8，即五八扣，后来普遍采用五四扣的屋顶斜度，现在由于旅游业的发展，为防止风吹瓦片掉落，部分屋顶更是做到了四五扣。然后瓜柱、金柱、长瓜处依次扣一寸半，两寸或两寸半，一寸半，屋檐处作四扣，这才是现在看到的屋顶的曲线（图 4-25）。虽然同一地区的屋顶斜度已形成一个普遍采

[1] “尺”“寸”“分”，为传统长度单位，1 尺 =10 寸 =0.33 米，1 寸 =10 分 =3.33 厘米。贵州黔东南苗族匠师在营建过程中常使用尺、寸、分为单位，在材料选材、加工过程中常用公分（厘米）为单位，文中描述以匠师口述为准，故不作统一。

用的数值，但是在实际设计过程中，匠师还会根据自己的审美经验对屋顶曲线进行调整。

此外，屋顶在开间方向也有一定的弧度，计算好屋顶斜度之后，匠师会对其进行考虑。做法是左右最外的一排架子每根柱子包括挑檐枋的位置都抬高一寸至两寸半，有的还把最中间两排架子的柱子降低相应尺寸，这样屋顶中间往两端横向的线条也呈现一个微妙的弧度（图 4-26）。

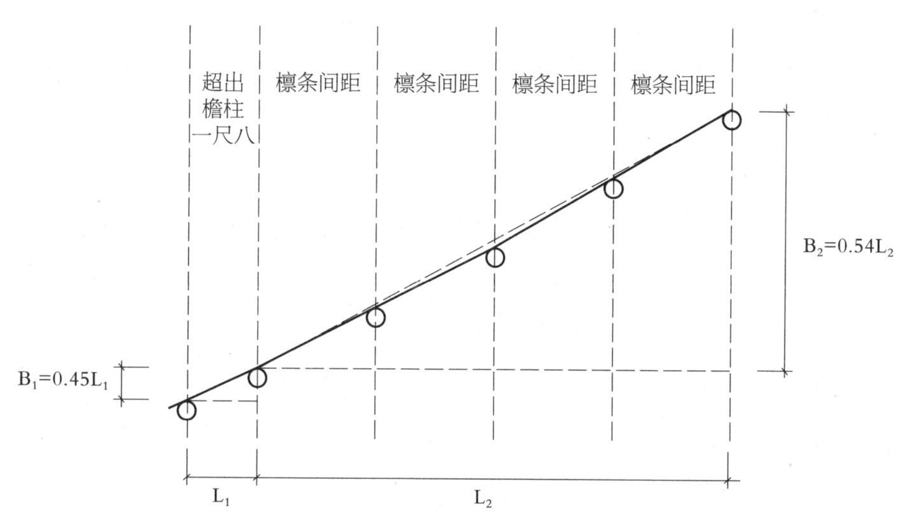

图 4-25　苗居屋顶曲线示意图（作者自绘）

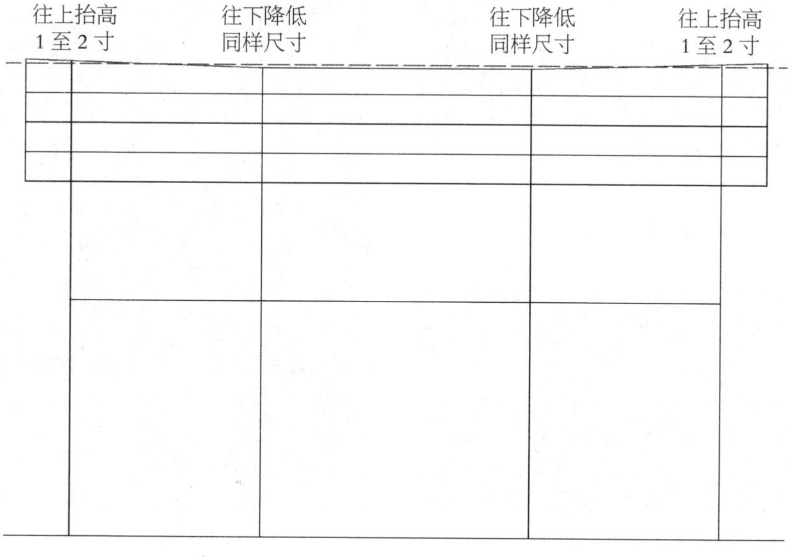

图 4-26　苗居屋顶开间曲线示意图（作者自绘）

四、黔东南干栏式苗居营建工艺

（一）传统建筑材料

苗居建筑的修建一般要用到瓦、石、桐油和木材几种材料（图 4–27~图 4–29），现在整个雷山地区的瓦均来自于黔东南地区的黄平县，搭建地基的石头一般是从河里捡来的鹅卵石，现在桐油很少，一般多用更加便宜和方便的油漆，用桐油的话到凯里市也可买到，下面就苗居主要传统建房材料——木材作介绍。

黔东南苗族地区一般用杉木、松木。多用杉木，杉木不易受潮腐蚀，且生长较快；松木一般受潮容易腐朽，多用来做家具。一般建房用的木材直径在 15~60cm。一棵杉木价格在 500~600 元，比较好的杉木价格可以达到 1000 元以上（一般用来做中柱）。

一般七八月斩砍杉树，好剥皮，十一月砍松树，不易虫蛀。松树 20 年左右成材，杉树生长快些，15 年左右成材。一般自己家有杉林的直接去杉林砍树来建房，房主自己或者雇人上山砍木头，把多余的枝丫砍掉，

图 4–27　屋架加工点木料堆放
（黔东南雷山县朗德苗寨）

图 4–28　石砌基础
（黔东南雷山县朗德苗寨）

图 4–29　瓦
（黔东南雷山县西江镇）

运到房架加工点。没有杉林的则去购买别人砍来的树。较大较粗的树砍伐好之后放在山上干半年，小的砍了马上就可以搬下去，剥树皮。树木的搬运一般整根纵向从山沟向下滑至山脚，再通过汽车或河道运输至村寨。做小木作的一般把砍伐下的木材锯成 2 米左右，人力背下山，到木材加工点裁成木板备用。选树木直的，裂口、虫蛀范围不影响木材性能的，其中长在山上的杉木木质比较硬，长在水边的杉木木质比较软，做地板时需要硬一点的木头。选中柱木材时，越老越好，选择粗、直、长的木材，需要进行祭祀，然后砍伐（图 4-30）。

（1）砍伐

（2）运输

（3）人力搬运

图 4-30　木材的砍伐、运输及人力搬运（黔东南雷山县朗德苗寨、黔东南雷山县西江镇）

制作构架的木材在使用前需要剥树皮、去荒料。剥树皮时先用斧子在树皮上砍出一道竖向的口，再砍几道横向的口（把树皮分成几部分以防剥皮的时候绷坏），之后用木条辅助将树皮剥离，剥下来的整块树皮可加工成树皮瓦（图 4-31、图 4-32）。剥完树皮后需要把木材上分枝的树节砍去，并大致砍削顺直（图 4-33）。装修用的板材需要提前改好，原先是手工用锯将原木改成板材，现在是多用机器改板材（图 4-34），木材改成板材后需在通风处堆放晾干备用（图 4-35）。

图 4-31 剥树皮（黔东南雷山县西江镇）

图 4-32 剥整块树皮（黔东南雷山县西江镇）

图 4-33 砍去分枝的树节（黔东南雷山县西江镇）

一根成材的杉木，又长又粗的做柱子，细的做檩，不粗不细的做楼枕，剥下的树皮可做树皮屋面（图 4-36）。一般楼枕、穿、枋用干透的树，做柱子用新砍的树，这样屋架做好、柱子水分干透、木材收缩之后与穿、枋、楼枕的榫卯会更紧。加工的边角料和木屑当地苗人用来烧火煮饭（图 4-37）。

图 4-34　改板材（黔东南雷山县西江镇）

图 4-35　板材堆放（黔东南雷山县西江镇）

图 4-36　树皮瓦屋面（黔东南雷山县朗德苗寨）

图 4-37　木屑可用来烧火做饭（黔东南雷山县西江苗寨）

（二）传统建筑工具

《墨子·法仪篇》说："天下从事者，不可以无法仪（度）……虽至百工从事者，亦皆有法。百工为方以矩，为圜以规，直以绳，正以悬，无巧工不巧工，皆以此五者为法。巧者能中之，不巧者虽不能中，放依以从事，犹逾已，故百工从事，皆有法度。"[1] 苗居大木作加工过程中会用到几十种工具，在这里按照用途分为解木工具、平木工具、穿剔工具、技术类工具、辅助类工具等，这些工具都由师傅自己备好，正所谓工欲善其事，必先利其器。

[1] 孙波．墨子［M］．北京：华夏出版社，2001：9.

1. 解木工具

解木工具包括斧子、大解锯、框锯（大、中、小）等，斧子用来砍劈木材，是大木加工前期经常用到的工具；大解锯一般长 1.5 米左右，用来把整的木料裁成枋板备用，一般需由两人一起操作；框锯按大、中、小分为三种或几种，不仅是尺寸上的区别，锯齿也有所区别，锯齿较大较疏的锯，锯得较快但切割面较粗糙，细密的锯齿锯得较慢但切割面较平滑，在大木加工过程中根据实际需要选择使用（图 4-38~ 图 4-42）。

图 4-38　不同大小的框锯（黔东南雷山县郎德苗寨）

图 4-39　大解锯（黔东南雷山县西江博物馆）

图 4-40　单手锯（黔东南雷山县郎德苗寨）

图 4-41　斧子（黔东南雷山县郎德苗寨）

图 4-42　弯把锯（黔东南雷山县郎德苗寨）

2. 平木工具

平木工具包括平刨（长平刨、中平刨、短平刨）、线刨、槽刨（沟槽刨、平槽刨）、圆刨等（图 4-43~ 图 4-47）。大木加工过程中用的比较多的是平刨，即把需要光滑的表面推平。槽刨分为沟槽刨和平槽刨，沟槽刨用于加工沟槽，如照面枋上楼板搭接的沟槽；平槽刨用于直线条的修整以及墙板、门板的穿带开槽。

（1）沟槽刨

（2）平槽刨

图 4-43 两种槽刨（黔东南雷山县西江镇）

图 4-44 两种线刨
（黔东南雷山县西江镇）

图 4-45 短平刨
（黔东南雷山县西江镇）

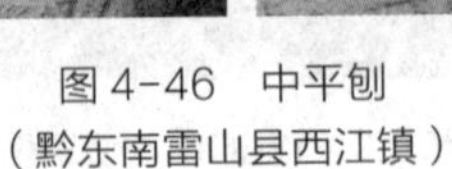

图 4-46 中平刨
（黔东南雷山县西江镇）

图 4-47 长平刨
（黔东南雷山县西江镇）

3. 穿剔工具

包括凿子（一分、两分、三分、五分、七分）、舞钻、斧凿等，在大木加工过程中主要配合锤子用来打榫眼，按照榫眼大小选择不同尺寸的凿子使用，凿子里面刃口较粗的用来打眼，刃口较细的用来加工洗平榫口。舞钻用来钻细而深的孔。斧凿也可以用来打榫口，不用配合锤子，挥舞起来使用，比较省力，但不好对准榫口（图 4-48~ 图 4-53）。

图 4-48　各种尺寸的凿子
（黔东南雷山县郎德苗寨）

图 4-49　舞钻
（黔东南雷山县郎德苗寨）

图 4-50　斧凿
（黔东南雷山县西江镇）

图 4-51　圆凿
（黔东南雷山县西江镇）

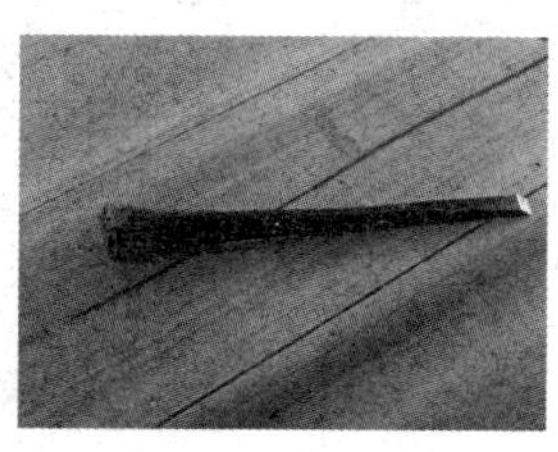

图 4-52　平凿
（黔东南雷山县西江镇）

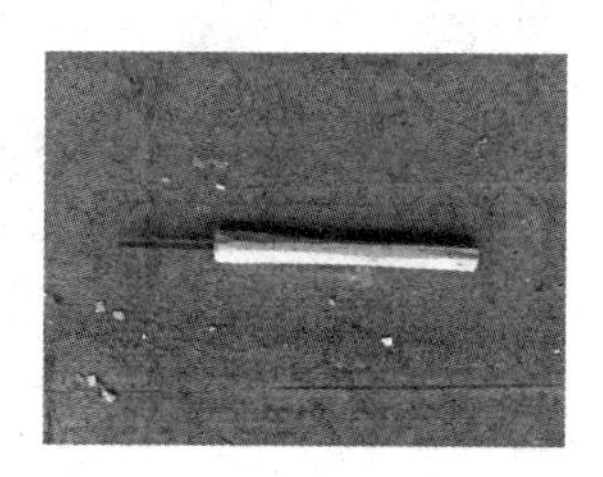

图 4-53　锥子
（黔东南雷山县西江镇）

4. 技术类工具

包括墨斗（普通墨斗、手腕墨斗）、画签、“拉寸”等。墨斗用于构件加工时弹直线或找铅锤线使用，手腕墨斗配合佩戴在手腕上与画签、角尺等配合画构件卯口线等较短的墨线。“拉寸”属于大木师傅自制工具（“拉寸”两字属于苗语发音直译），作用相当于套榫枋，即将常用的榫卯变化尺寸刻在方木块四周，在画墨线的过程中方便使用，同样的工具还有龙凤榫模、上椽条的尺子等（图 4-54~ 图 4-60）。

图 4-54 手腕墨斗
（黔东南雷山县郎德苗寨）

图 4-55 普通墨斗及画签
（黔东南雷山县西江镇）

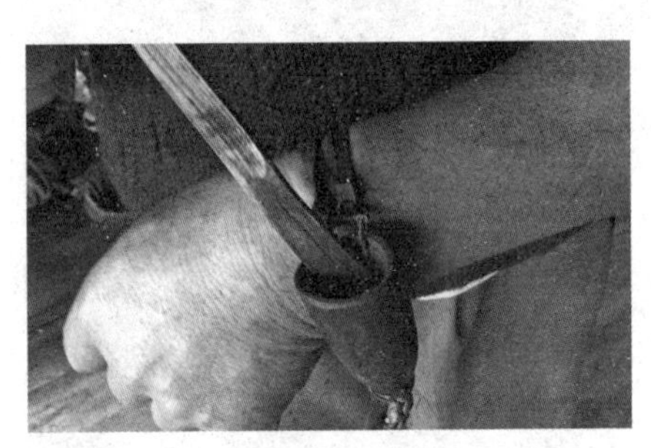

图 4-56 手腕墨斗及画签
（黔东南雷山县西江镇）

图 4-57 上椽条工具
（黔东南雷山县西江镇）

图 4-58 “拉寸”
（黔东南雷山县西江镇）

图 4-59 龙凤榫模
（黔东南雷山县郎德苗寨）

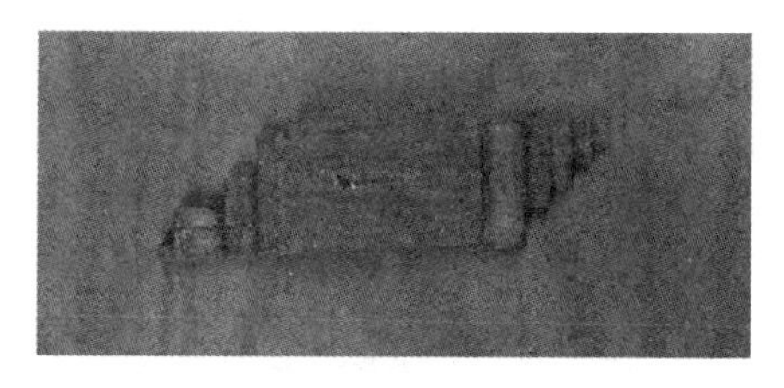

图 4-60　窗格套榫头（黔东南雷山县郎德苗寨）

5. 尺类工具

包括五尺、丈杆、角尺等（图 4-61~ 图 4-68）。五尺顾名思义就是一把长五尺的木杆，一般由木匠师傅自己制作，上有刻度，用来丈量枋板的长度；丈杆在前面介绍过，上面标记了排架中各种柱子的高度、榫口尺寸等；在大木加工过程中角尺使用比较多的是 90° 角尺，即直角角尺，用来找垂直、辅助画榫卯线等。木匠师傅在工作过程中会根据常用的角度制作一些特殊的固定角尺，如窗格角尺、板凳角尺等，也有不固定的、可任取角度的活动角尺，以方便取各种角度。

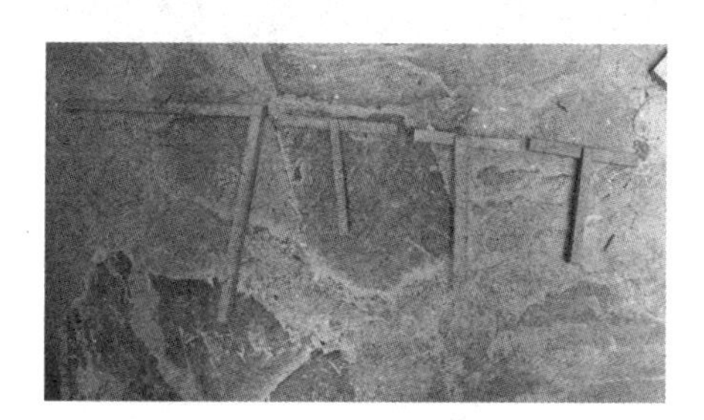

图 4-61　不同角度的角尺
（黔东南雷山县郎德苗寨）

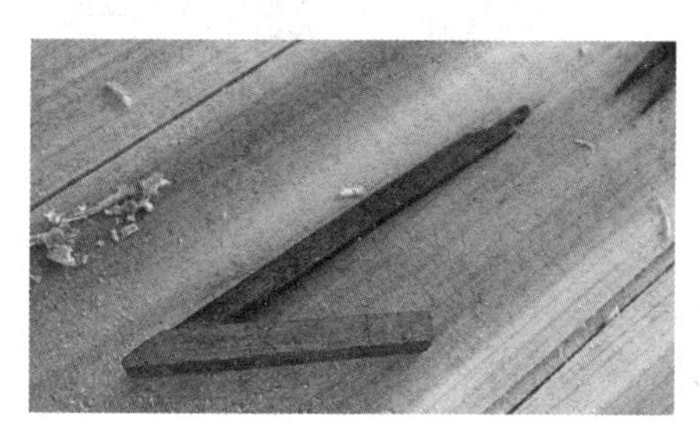

图 4-62　壁板回枋角尺
（黔东南雷山县郎德苗寨）

图 4-63　窗格角尺
[（黔东南雷山县郎德苗寨（一）]

图 4-64　窗格角尺
[黔东南雷山县郎德苗寨（二）]

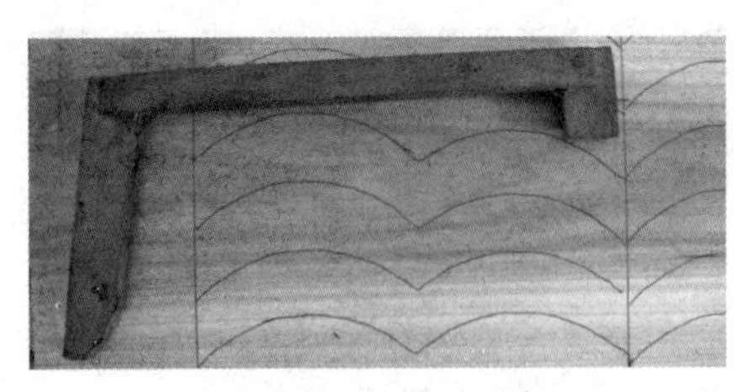

图 4-65　板凳角尺
（黔东南雷山县郎德苗寨）

图 4-66　活动角尺
（黔东南雷山县郎德苗寨）

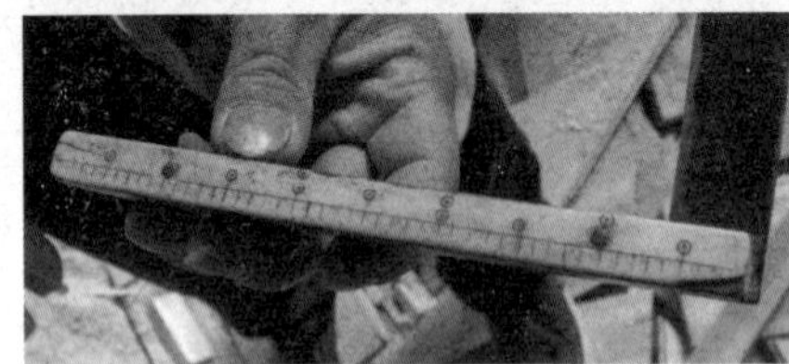

图 4-67　直角角尺
（黔东南雷山县郎德苗寨）

图 4-68　五尺
（黔东南雷山县郎德苗寨）

6. 辅助类工具

包括三脚木马、抓钉、长马凳、夹剪、板头、磨石、油筒、锤子、砂纸、木搓子、刷子、抱钩、木槌、锉子、工具箱等。三脚木马将木料架设一定高度以方便师傅加工；抓钉用来固定木料与三脚木马以防止圆木来回滚动，或用于构件之间的临时加固、连接；长马凳相当于是木匠师傅的工作台，常用于加工穿、枋类构件；夹剪和板头是在长马凳上用来固定木料的工具；磨石用来打磨工具的刃口；油筒用于工具的上油维护；锤子与凿子配合用于打卯眼等；砂纸用来打磨构件的表面，使其平滑；木搓子配合砂纸用来打磨板材的表面；刷子用于扫除构件上的木屑；抱钩为搬运木料时的辅助工具；木槌用于木构件的组装；锉子用于锉削木构件的孔眼或不规则表面等；工具箱用来收纳各种工具（图 4-69~ 图 4-81）。

图 4-69　三脚木马
（黔东南雷山县郎德苗寨）

图 4-70　抓钉
（黔东南雷山县郎德苗寨）

图 4-71　长马凳
（黔东南雷山县郎德苗寨）

（1）铁夹剪

（2）木夹剪

图 4-72　夹剪（黔东南雷山县西江镇）

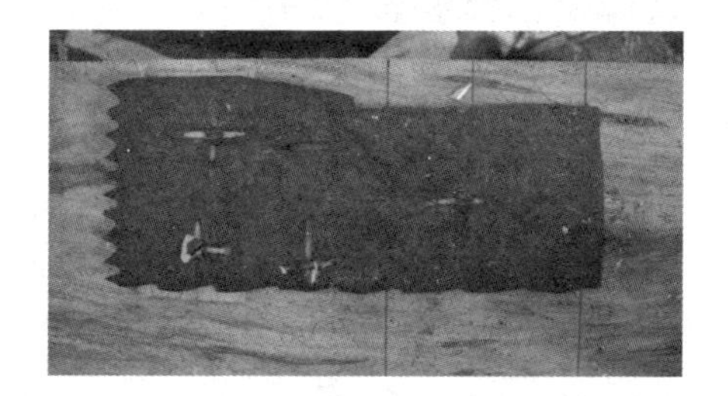

图 4-73　板头（黔东南雷山县西江镇）

图 4-74　磨石（黔东南雷山县郎德苗寨）

图 4-75　油筒
（黔东南雷山县郎德苗寨）

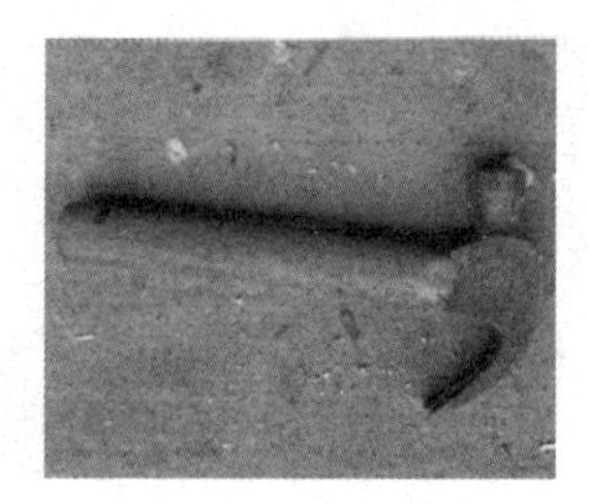

图 4-76　锤子
（黔东南雷山县郎德苗寨）

图 4-77　砂纸和木搓子
（黔东南雷山县郎德苗寨）

图 4-78　抱钩（黔东南雷山县郎德苗寨）

图 4-79　木槌（黔东南雷山县郎德苗寨）

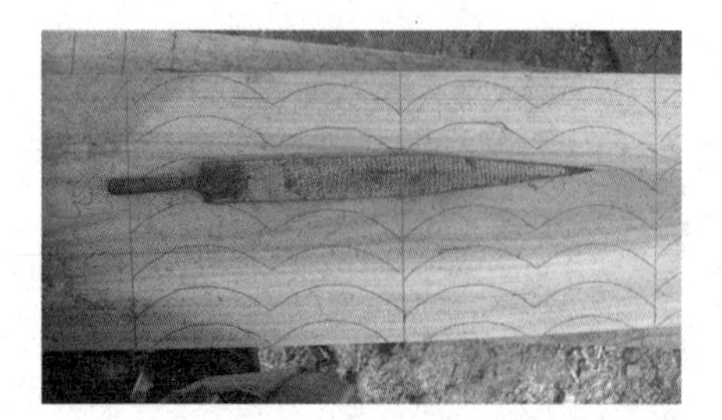

图 4-80　锉子（黔东南雷山县郎德苗寨）

图 4-81　工具箱（黔东南雷山县郎德苗寨）

（三）营建工序流程及做法

总体来说；贵州黔东南苗族地区木构干栏式民居营建工序包括：选址、砌筑石基量地、加工楼枕及枋片、画架子图、加工柱类构件及瓜柱、加工榫卯、排扇、立架、找平屋架、上檩条、上椽条（皮）及封檐板、上瓦、装修、入住。

屋主选好基址后即可平整屋基，苗居平整地基较易，土方量小，但因山坡筑台较高，石砌量大。用山石或河石将两层房屋地基砌好，用泥土和碎砂石铺平，然后用木槌夯砸平整，使之牢固。平整好基址后请大木匠师来量地，大木匠师确定好基址的长宽尺寸及台地的高差，与主人家沟通具体的使用需求并对功能空间进行布置，确定房屋的规模和大致形式。大木匠师根据丈量的数据对整体构架进行设计并绘制图纸，一般只画单独的一排架，即剖面图（图 4-82）。排架的形式对房屋形式的影响最大，它涵盖了房屋构架的大部分信息，在绘图的过程中大木匠师根据高差和基址的宽度来选择构架的形式并安排各构件的位置，考虑照面枋、楼枕等开间

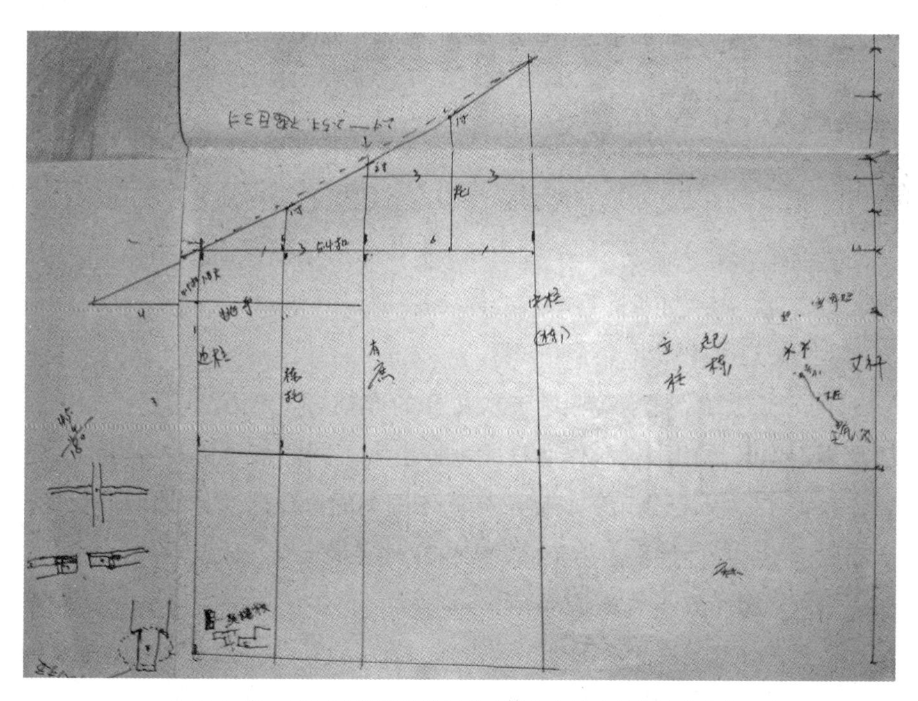

图 4-82 陈正文师傅手绘图纸（黔东南雷山县郎德苗寨）

方向的构件在剖面图上的卯眼位置，进而根据功能和受力情况调整构件的位置。匠师计算出柱子、穿枋等各构件的长度和数量，与屋主进一步沟通材料的需求，备好料后即可开始加工枋片。如工期比较赶的情况下，在设计好图纸之前，木匠师傅可根据基址长、宽以及房屋的开间等先加工房屋的穿、枋类构件。之后开始制作丈杆；之后大木匠师根据丈杆加工柱类构件，并且对穿、枋类构件的榫卯进行进一步的加工。木构件加工过程中需一一编号，并分类码放。各类构件加工完成后运至建房基址处按照编号组装成排架，之后择好吉日即可开始立架，立架完成后要检验各柱是否垂直。立架完成后隔天开始上檩条，檩条安装完成后上椽条、钉封檐板；再之后即可开始上瓦，以减少屋架受风吹日晒的损害。装修师傅开始装修工作，做板壁、楼板、门窗、美人靠、雕刻吊瓜。接下来屋主将整个木构新房刷上桐油后完成整个房屋的营建工作，最后择吉日搬家即可入住。

1. 木构架的加工制作

（1）丈杆的制作：丈杆是与纵向构件 1∶1 关系的丈量工具，它是由排架图纸转化而来，用于在构件加工过程中直观地丈量柱子的高度及榫卯的位置、尺寸，是匠师进行设计和施工的重要工具。在排架图纸画好以后，于图纸左侧或右侧画一条竖线，根据使用功能、规模将各构件标高对应到竖线上并进行相应标记，之后将竖线上的标记和尺寸放到与房屋高度尺寸 1∶1 比例的木杆或竹竿上，就完成了丈杆的雏形。根据使用功能、规模需求的不同以及地形等差异，每户人家建房的丈杆都是不一样的，掌墨师傅每建一栋房子都需要新制丈杆。制作丈杆是在穿、枋类构件大致裁好之后进行，因为柱身卯口的尺寸需要视枋板用材的大小来定。丈杆就相当于是师傅建房的图纸（图 4-83）。

不同地方由于师承等原因造成丈杆的形制与表示方法有所不同。西江及周边地区常用木杆制作丈杆，木杆上画不同的符号代表各类构件信息（表 4-1），木杆也可不同侧边标记不同类的构件信息，也可单独一个侧面标记所有构件信息。由于通常没有足够长的木条，木丈杆往往需要拼接。郎德上寨、郎德下寨及周边的季刀苗寨、报德村等地区长用竹竿制作丈杆，竹丈杆要选择长得茂盛、无虫蛀，并且又长又直的竹子来制作。制作时先用墨在竹竿上进行标记构件位置，之后用刀在竹竿上砍、刮出痕迹

（防水，且便于长时间保存）并刻或写上对应文字来区分，竹丈杆上并没有类似木丈杆上复杂的标记，而是直接用文字标出（图 4-84）。相比较而言，木丈杆可以使用不同侧面区分各类构件的标记，较为方便直观，但竹丈杆更轻便，操作省力，易于保存。

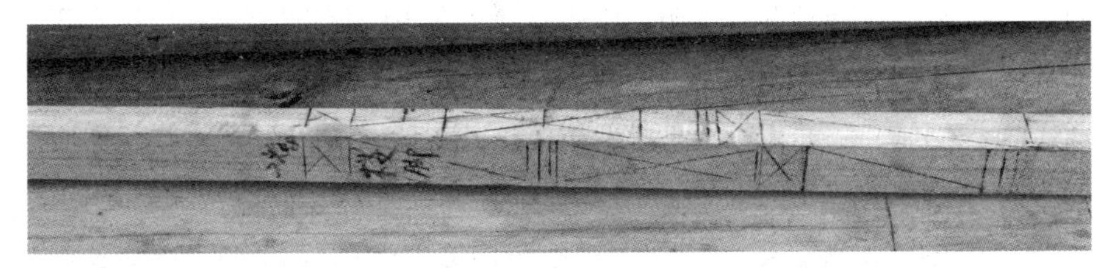

图 4-83　董洪成师傅丈杆细节（黔东南雷山县西江镇）

图 4-84　潘明师傅制作的竹丈杆（黔东南雷山县郎德苗寨）

表 4-1　西江董洪成大木匠丈杆符号释义

符号	（符号）	（符号）	（符号）	（符号）
释义	柱头	横向构件出头榫卯口	楼枕卯口	枋类卯口

大多数构件的榫卯尺寸都没有规定，匠师根据房屋规模和用料的实际情况来定，穿、枋、檩条等横向构件都是两头出榫，柱身开卯口与之连结。开工后先加工穿类构件、枋类构件，根据房屋的进深和开间来定穿类构件、枋类构件的长度，对其进行初加工。之后做柱的时候匠师根据穿、枋等构件的宽度与厚度来定柱身卯口的位置与开口大小，反过来根据柱径来定穿、枋等构件上榫头的长度。

（2）穿类构件：穿类构件按照排扇组装的顺序和方向，其截面的长宽会有相应变化（图 4-85），长穿枋贯穿所有的立柱，穿枋厚度中间宽两头略窄，宽度也是中间宽两头窄，目的是为了排扇组装的时候方便。具体减少尺寸是：从中间开始，每遇一根柱子扣一分，穿枋厚度最窄处为一寸二或至少一寸，宽度最宽处为六寸左右，从“黔东南雷山县郎德苗寨潘明师傅记数图”（图 4-86）中可以看到穿类构件与柱类构件相交处榫卯尺寸由中间向两边减小的尺寸变化。穿枋与最外侧两根柱子的连接采取透榫的方式，榫头超出柱子的距离一般不到 5 厘米。穿类构件的加工首先需在预先改好的板材上画好墨线，之后裁去多余木料并推平表面，画线标明对应柱子的位置后，编号堆放备用，待对应柱子加工好后再根据柱子的尺寸来做榫头（图 4-87）。其余穿类构件如上山穿、下山穿、上枋、瓜枋等加工的过程相似。需要注意的是挑檐枋，挑檐枋从二柱往外挑出，超出边柱四尺，从檐柱开始向上挑出，至端部挑高约二寸五。挑檐枋与二柱连接的地方需制作透榫榫头，与檐檩相接的地方需制作檩碗承檩（图 4-88、图 4-89）。

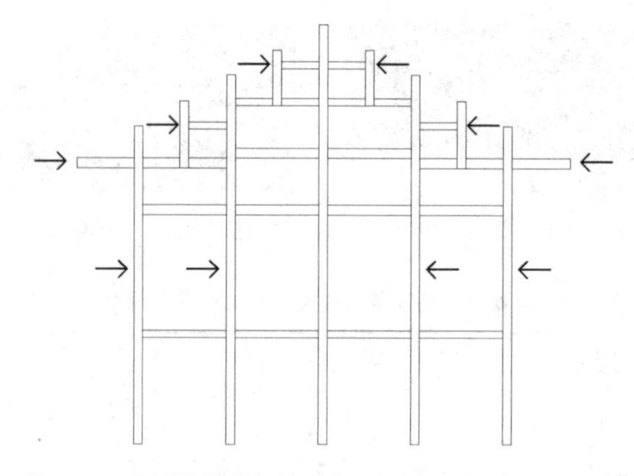

图 4-85　吊脚楼构件组装顺序及方向示意图（作者自绘）

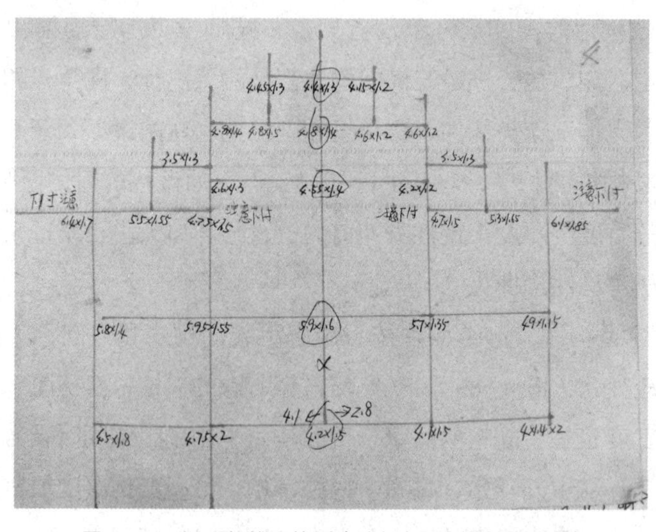

图 4-86　潘明师傅记数图（黔东南雷山县郎德苗寨）

（1）弹画枋片宽度线

（2）裁出枋片宽度　　（3）画出枋片厚度线

图 4-87

（4）裁出枋片厚度

（5）推平表面

（6）画线标明柱子位置

（7）分类堆放备用

（8）待柱子加工好后再做枋片的榫头

图 4-87　枋类构件加工过程（黔东南雷山县郎德苗寨、黔东南雷山县西江镇）

图 4-88　制作好的挑檐枋，堆放备用（黔东南雷山县郎德苗寨）

图 4-89　挑檐枋托檩的碗口（黔东南雷山县西江镇）

（3）柱类构件：一般楼枕、穿、枋用干透的树，做柱子用新砍的树，这样屋架做好柱子水分干透收缩之后与穿、枋、楼枕的榫卯会更紧。根据之前设计好的柱子高度上下各浮 5 厘米左右斩砍，选好用料的方向，使用画签、墨斗与丈杆配合画线，依次画柱子的高度线、卯口位置圈线、柱身中线、柱头十字线、柱身其余三根中线、柱身卯口线，之后徒工根据墨线加工柱子（图 4-90、图 4-91）。掌墨师傅会以同样的步骤画好第一排架的其他柱子，并且直至画好所有排架的柱子。各类柱子画墨线的过程相似，只是柱子的高度和柱身榫口类型及位置有所差异，故不作赘述。

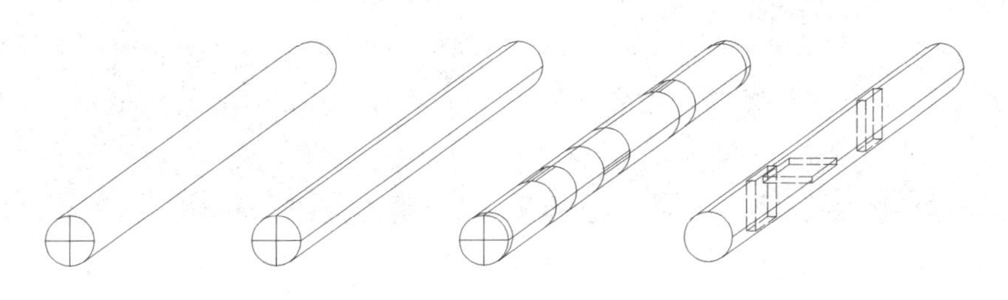

图 4-90　柱类构件加工过程示意图（作者自绘）

（1）按照丈杆上的标记点出柱头柱底、榫卯位置等

（2）截去柱子多余的部分

（3）围画柱身卯口位置圈线

（4）弹一根柱身中线

（5）画柱头十字线

（6）弹柱身其余三根中线

（7）画柱身卯口线

（8）剔刻卯口

（9）柱脚与地脚枋连接的卯口

（10）檐柱与枋连接的卯口

图 4-91

（11）柱与穿枋连接的卯口

（12）柱头檩碗

（13）分类码放待安装

图 4-91　柱类构件加工过程（黔东南雷山县西江镇）

（4）枋类构件：枋类构件包括楼枕、地脚枋、照面枋、檩枋。

楼枕的制作首先是按地基长度和间数取楼枕长度，在初加工之后的木材上画楼枕的宽与高，之后用水平尺在柱头画水平墨线，该地区的楼枕一般宽三寸三左右，然后找垂直线，画连接两头的墨线，然后斩砍、推平，并画四个角的倒角线，斩砍倒角的斜面、推平。最后画上中线，楼枕初步加工完成，堆放在一边备用。楼枕与楼枕之间制作榫头相搭接，从两头穿入柱身上的榫口，然后在柱身与榫头上打榫眼上销子固定。为了组装时候的方便，榫头制作成头部较细根部较粗的样式，一般根部一寸粗，头部五分细，榫头的长短视柱子的粗细而定，宽窄视楼枕的粗细而定（一般做三寸）（图 4-92）。楼枕与最外侧柱子相接的时候则做成透榫样式。需要注意的是柱子上楼枕榫口的高度需要考虑与穿枋的位置关系，楼枕榫口高于穿枋榫口至少二寸二的距离，这样后期装修的时候安装壁板回枋才方便（图 4-93）。

（1）取楼枕的厚度

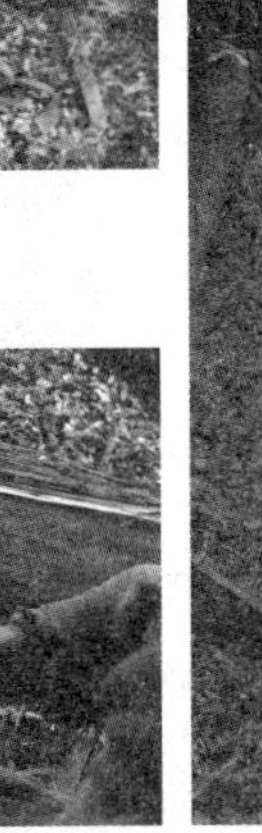

（2）画楼枕的宽度线

（3）弹画楼枕的边线

（4）裁出楼枕的四面，并推平

（5）画出四角倒楞线后斩砍、推平

（6）画出柱头、柱身中线标记

图 4-92

（7）分类码放备用

（8）待柱子加工好后再做楼枕的榫头

图 4-92　楼枕的加工过程（黔东南雷山县西江镇）

图 4-93　楼枕、穿枋与壁板回枋的关系（黔东南雷山县西江镇）

照面枋之间榫头的搭接方式以及与柱子的连接方式都与楼枕的做法一致，需要注意的是照面枋的内面要做楼板与它搭接的企口，企口高七分，深约二至三厘米，距离照面枋下边线二寸一或二寸二左右，距离照面枋上边线至少八分，且这条缝下边缘与楼枕顶面齐平（图 4-94）。

脚枋与脚枋之间水平连接的时候需制作榫卯相扣，榫头的头部细根部较粗，一般相差约一分或两分，脚枋相扣后再装入柱子与脚枋的榫口，两块脚枋之间就不会产生水平移动了。脚枋与角柱连接的榫头也是头部较细根部较粗，两块脚枋 90° 相抵与角柱底部榫口连接。脚枋与柱子之间的榫卯设计防止了脚枋的水平移动使之更稳固，因而不需要再使用销子，这样也保护了柱脚部位的完整、减少了低矮处的缝隙，降低柱脚被水腐蚀的可能性（图 4-95）。

在檩条之下起增大摩擦力、防止檩条左右移动、增加构架稳定性的构件为檩枋，黔东南苗居吊脚楼一般只有在落地柱的顶部才设置檩枋。在柱顶檩碗往下的位置制作一个深三寸、宽一寸左右的槽来搁置檩枋，檩枋与柱之间用销子固定（图 4–96、图 4–97）。

图 4–94 照面枋、楼枕的榫头构造（黔东南雷山县西江镇）

图 4–95 柱与地脚枋的榫卯构造（黔东南雷山县西江镇）

图 4–96 柱顶与檩连接的卯口（黔东南雷山县西江镇）

图 4–97 檩枋、柱与檩之间的构造关系（黔东南雷山县西江镇）

（5）其他类构件：檩条、椽条、封檐板这些构件的制作过程都比较简单，按照尺寸裁出、推平表面后即可。

檩条的长度等同于每榀屋架之间的距离，位于房屋两侧的檩条需超出最外面一排架四尺，檩条与檩条相接处需制作榫卯搭接，然后再搁置在柱头檩碗上。椽条宽一寸，厚七分，两根椽条为一组，中间间隔一寸八，每组椽条中间间隔三寸八。封檐板钉在屋檐四边一圈，以保护椽条与檩条头部。房屋两侧的封檐板宽四寸，厚七分；前后檐的封檐板宽四寸，厚四分（图 4-98~ 图 4-100）。

图 4-98　加工好的檩条
（黔东南雷山县西江镇）

图 4-99　加工好的椽条
（黔东南雷山县西江镇）

图 4-100　加工好的封檐板
（黔东南雷山县西江镇）

2. 大木构件及榫卯的编号

柱类构件需要在柱身画标记来标明位置和相互区分，据西江苗寨蒋正光师傅介绍，一般中柱画横线，左边的柱子画左高右低的斜线，右边相反；第一排架用一根线表示，第二排架用两根线表示，以此类推。相应的枋板也会画上线条标记。楼枕、照面枋与柱子相接的榫头与柱子的榫口需编号一一对应，从左到右或从右到左用阿拉伯数字或大写数字表示，不同的师傅有不同的编号习惯。每一个榫卯因为位置的不同以及对材料合理利用的原因，大小尺度都有差异，编号是为了一对一的加工方便，也是为了排扇的时候方便找到相应构件来组合（图 4-101、图 4-102）。

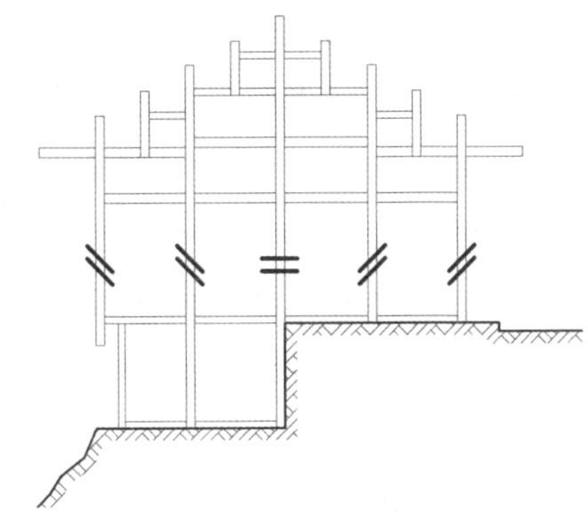

图 4-101　西江苗寨柱身标记示意图（作者自绘）

（1）第一排柱子编号

（2）第二排柱子编号

（3）第三排柱子编号

（4）柱身卯口编号

（5）楼枕编号

（6）穿、枋类构件编号

图 4-102　各类构件上的标记（黔东南雷山县西江镇）

3. 大木构架的排扇、立架

所有部件加工好后要分别把各排架拼装好，这个过程称为排扇。所有加工好的构件需要提前搬运至建房基址处分类码放好备用，待排扇当天使用（图 4–103）。排扇时需要二三十人，一般都是寨中的叔伯兄弟，一天即可完成。排扇的顺序从左到右或从右到左都可以，主要根据现场基地情况，看立架的顺序和堆放排架的位置从哪边比较方便。首先由掌墨师傅根据之前各部件上的编号指挥帮工把相应排架的柱子、穿枋、瓜柱等构件找出并搬运到大致位置放好；之后先将主要的几根柱子穿上穿枋，从两头往中间穿柱子、用木槌敲紧榫口，随后打上销子固定穿和柱；由大至小依次组装好排架剩余的部件，最后上瓜柱和瓜枋。当所有部件组装好后，掌墨师傅指挥众人合力把组装好的排架移到一边。以此方法组装好所有排架并按顺序堆放好，以方便后面的立架（图 4–104）。

图 4–103　分类码放的各类构件
（黔东南雷山县西江镇）

（1）搬运构件至大致位置

（2）连接长穿枋与柱子

（3）用木槌敲紧销子固定

（4）安装上枋

（5）安装瓜柱

（6）众人移架

（7）按立架顺序堆放整齐

图 4-104　排扇的过程（黔东南雷山县西江镇）

立房架的过程称为立架。立架时要叔伯兄弟三四十人，需要一整天的时间方可立好。立架由掌墨师傅指挥，负责指导怎么使用力道以及即时纠正用力不当的问题。立架时将绳子系在架子上拉起排架，一部分人用木枋子抵住柱脚防止位移，一部分人往上推起排架，还有一部分人用木撑杆及时支撑，众人合力立起排架。第一排架立好后，前后要用绳索和撑杆稳固支撑住，同样的方法立好第二排架，之后安装连接第一二排架的楼枕、照面枋等横向连接构件，以此类推立好全部排架。瓜柱、瓜枋、挑檐枋等构件，若场地条件允许，可在排架立好之后再安装，以减轻立架时排架的重量（图 4-105）。

（1）系上牵拉排架的绳子

（2）把第一排架移动至立起的位置

（3）众人合力立第一排架

（4）固定木杆来支撑

（5）立第二排架

（6）安装楼枕连接第一、第二排架

（7）安装第二排架的瓜柱、瓜枋

（8）立第三排架

（9）安装第二、第三排架之间的楼枕、照面枋等

图 4-105

(10)立第四排架

(11)立第五排架

(12)安装挑檐枋

(13)立架完成

图4-105　立架的过程(黔东南雷山县西江镇)

立架过程中以及立架完成之后都需要不断的检测和调整排架的水平和垂直。检测垂直的方法是从柱顶用细线吊个石块，看石块与柱身是否有偏差。在每排架的柱脚位置拉一根细线检测每根柱子的位置是不是都在一条线上。需要调整的柱子用撬棍或木锤来移动，地基不平的或者柱子歪斜的，需在柱脚下面垫小石块来调整（图 4-106~ 图 4-110）。

图 4-106 吊铅垂线找垂直
（黔东南雷山县西江镇）

图 4-107 用撬棍调整柱子位置
（黔东南雷山县西江镇）

图 4-108 用木锤调整柱子位置
（黔东南雷山县西江镇）

图 4-109 柱脚塞石块垫水平
（黔东南雷山县西江镇）

图 4-110 整体调整柱子位置
（黔东南雷山县西江镇）

4. 上檩条、上椽条及封檐板

上檩条需要至少两个人来完成，用绳子把事先制作好的檩条吊运至屋顶并放置在相应位置附近，左右相接的檩条需要把榫卯上紧后摆放至相应的柱头檩碗上，一般一天可上完（图 4-111）。

（1）用绳索吊运檩条至屋顶

（2）将檩条摆放至相应位置

（3）连接相邻檩条的榫卯

（4）锯去端头多余的长度

（5）上檩完成

图 4-111　上檩条的过程（黔东南雷山县西江镇）

檩条安装好之后就可以上椽条了，首先把锤子、铁钉、锯子等需要用到的工具及木条运至屋顶，用工具量取好尺寸位置，就可以开始钉了。现在黔东南苗族地区苗族吊脚楼屋顶的椽条一般两根为一组，中间间隔一寸八，相邻两组檩条间隔三寸八。椽条全部钉好后，屋檐处的椽条在超出檩条三寸左右的位置统一弹一根水平墨线，之后按墨线锯齐。上完椽条后前后屋檐及左右两边檩条挡头处需钉封檐板。上椽条及钉封檐板一般需要2~3人，一天即可完工（图4-112）。

（1）把椽条及工具等吊运至屋顶

（2）用上椽工具量取好合适的距离，钉椽条

（3）逐渐钉满屋面

（4）锯齐

图4-112

（5）上椽完成

（6）上封檐板

（7）上封檐板完成

图 4-112　上椽条、上封檐板的过程（黔东南雷山县西江镇）

5. 上瓦

瓦量的估算方法为：一般“一间”房用一万块瓦，如一个四榀三间的房则需要三万块瓦，若屋顶是歇山顶则整体需额外再加一万块瓦。瓦材准备好，在上瓦之前需要把瓦件搬运至屋面。搬运的方式有：人力抛运、滑轮吊运等。一般从方便上下屋顶位置的远端开始铺瓦，铺屋面与铺屋脊可同时进行。上瓦需要 2~3 人，根据房屋的大小需要 2~3 天完成（图 4-113）。

（1）运送瓦材至屋面

（2）从远端檐口开始铺瓦

（4）于方便上下屋顶处收口

（3）屋面留出落脚处、铺设屋脊

（5）上瓦完成

图 4-113 上瓦的过程（黔东南雷山县西江镇）

6. 装修

苗居的装修先做外围壁板以防风防雨，之后于原先木构架上楼枕数量的基础上加设楼枕，加工楼枕时要考虑与壁板回枋的连接关系，相接的壁板回枋上要做出卯口。随后做分隔楼层的楼板以及中间隔断的壁板，之后做门窗框、美人靠等，窗格或门扇可直接由装修师傅做，也可在专门加工门扇、窗扇的师傅那里定做好后直接来安装。

苗居的外围护结构和室内隔断都采用木板壁，木板壁的制作首先需在穿枋与壁板连接处刨出凹槽，然后在垂直方向上安装竖向紧挨柱子的枋板，两柱间水平距离过大的需要多加一条竖向枋板分割成两块，之后在水平方向安装横向的枋板，立枋和横枋之间制作榫卯相连接，它们共同组成的回形框，叫作壁板回枋。枋板的制作首先需将板材取好长度锯短后推平，然后制作两端头的榫卯，枋板的看面可拉线条作装饰。做竖向的枋板时注意将靠柱子的枋板需要取好与柱子衔接的弧度，锯出与柱子衔接的凹槽（图 4−114）。壁板回枋做好之后做壁板回枋中间的木墙板，其制作过程是：将板材取合适的高长、宽、高度锯好，每块板的两侧做公母榫（龙凤榫）连接，各块板子拼装成一整块壁板后，加工壁板上下两头插入壁板回枋的榫头，之后于壁板中间的位置做穿带榫卯，完成后安装于壁板回枋的榫卯槽中即可（图 4−115）。

（1）在穿枋与壁板连接处刨出凹槽

（2）板材取好长度锯短后推平

（3）制作两端头的榫卯

（4）竖向枋板取好长度锯短、推平

（5）取竖向靠柱枋板与柱子衔接的弧度并画线

（6）裁出凹槽

（7）安装竖向枋板

（8）安装横向枋板

（9）壁板回枋安装完成

图 4-114　壁板回枋的制作与安装过程（黔东南雷山县朗德苗寨）

（1）板材取合适的长、宽、高锯好

（2）用套榫模具、槽刨等工具制作墙板公母榫

图 4-115

（3）把各条板子拼装成一整块

（4）做穿带榫卯槽

（5）做穿带

（6）上紧穿带

（7）安装上墙

图 4-115　壁板的制作与安装过程（黔东南雷山县朗德苗寨）

加设楼枕的制作几乎与制作壁板同时进行，楼枕制作好后要将壁板回枋取下，制作相连接的榫卯，之后再一起安装连接（图 4-116）。

苗居吊脚楼的门由门框和门板两部分组成的都为板门，门框的制作与安装方法与壁板回枋类似，门框的内空一般较小，高度一般不超过 1.8 米，宽度不超过 0.9 米。门扇的制作过程与壁板类似，在门扇内面一侧的上下门框处需制作安装“门斗”来放置门的转轴，另一侧门框的中间位置需制作安装门闩，而对应的闩眼有的设在门本身的侧面，有的则制作构件附于门后与门闩对应的位置（图 4-117、图 4-118）。

（1）制作楼枕

（2）相应的壁板回枋上制作卯口

（3）安装完成

图 4-116　楼枕的加设与安装过程（黔东南雷山县朗德苗寨）

图 4-117　门斗
（黔东南雷山县朗德苗寨）

图 4-118　各式门闩（黔东南雷山县朗德苗寨）

窗由窗框和窗扇组成，窗框的做法与壁板回枋的做法类似。窗框制作好后，制作窗扇时首先需要丈量窗框尺寸，然后绘制窗扇样式图，之后根据所需尺寸砍料、制作窗扇外框，随后开始制作窗扇中间的花格部分。用木工铅笔、角尺在木条上绘制墨线，制作加工端头榫卯，把加工好的木棂条拼成整的窗格，之后打磨光滑后与窗扇外框连接即可安装上墙（图 4-119）。传统苗居偶见不透光、不透风的木板窗，窗框内面设有木槽供窗户面板推拉（图 4-120）。

（1）备料

（2）绘制窗扇样式图

（3）制作窗扇外框

（4）在制作窗格的木条上绘制墨线

（5）加工窗格构件

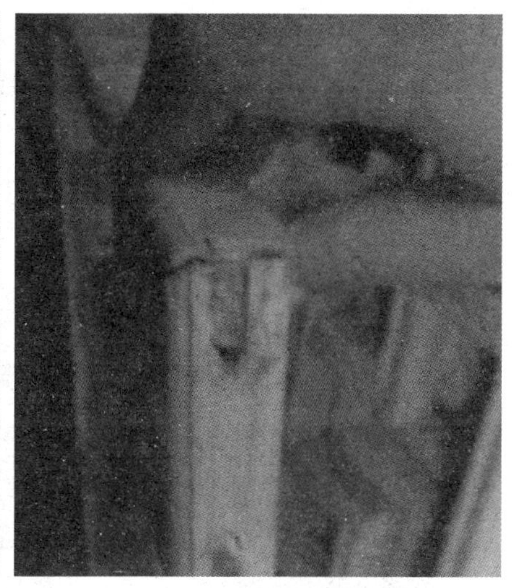

（6）拼装窗格

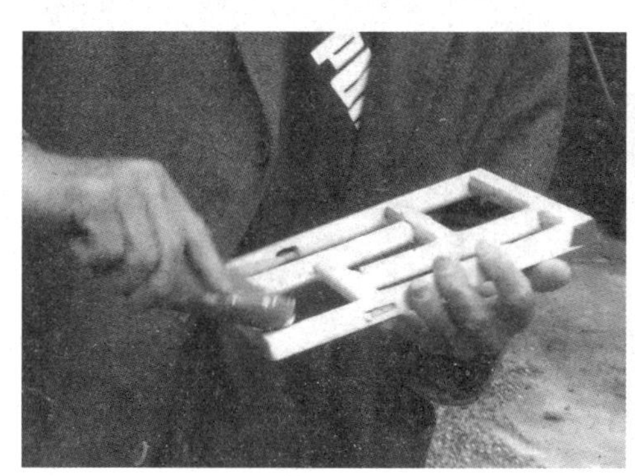

（7）制作完成

图 4-119 窗扇的制作过程（黔东南雷山县朗德苗寨）

图 4-120 木板窗（黔东南雷山县朗德苗寨）

美人靠的制作也可与门窗制作同时进行，先做美人靠的坐板，之后加工美人靠靠背的栏杆，最后组合安装好即可（图 4-121）。

（1）做美人靠坐板

（2）做美人靠靠背的栏杆

（3）安装完成

图 4-121　美人靠的制作与安装过程（黔东南雷山县朗德苗寨）

（四）维护及改扩建措施

屋面的青瓦要定期请人捡瓦，挑拣出破碎或有砂眼的瓦片，换上新瓦，防止屋顶漏雨。房屋主要构件只要保持干燥不湿水，可使用上百年；若建筑的房架歪斜，则用木材支撑歪斜面的柱子。墙面受潮腐朽或起壳，则用木板在外墙面上加固（图 4-122）。

总体来说，苗居房屋的改扩建形式有：加披屋、加前梭、加后梭、加偏厦、加披檐、多加一排架、多加一排柱的形式（图 4-123）。

图 4-122　墙面的修补（黔东南雷山县郎德苗寨）

（1）加后梭

（2）加披屋

（3）加偏厦

（4）加披檐

（5）多加一排架

图 4-123

（6）多加一排柱

图 4-123　苗居改扩建形式（黔东南雷山县郎德苗寨）

（五）地域适应性技术

黔东南苗居吊脚楼的建筑大量地采用了木材，因此需要特别注意建筑的防火。在黔东南苗族地区，一般每个寨子中心都建有一个蓄水的水塘，以方便发生火灾时取水灭火，而水塘周围一般建有许多与住屋分开设置的各家各户的粮仓建筑。在黔东南雷山县的大塘乡地区，粮仓建筑甚至直接建在水塘之上，不仅防火，还可防鼠防虫。为避免山区地面潮湿空气的侵蚀，房屋周围建排水沟以利排水，在房屋柱脚位置可加垫石片用来防潮。苗居建筑的表面需刷桐油以防腐、防虫。另外，苗居使用火塘产生的烟雾也有杀虫的作用（图 4-124~图 4-128）。

图 4-124　建筑群中的公共水塘（黔东南雷山县郎德苗寨）

图 4-125　水塘周围建粮仓（黔东南雷山县郎德苗寨）

图 4-126　刷过桐油的墙板（黔东南雷山县郎德苗寨）

图 4-127 室内火塘
（黔东南雷山县郎德苗寨）

图 4-128 建筑周围的排水沟
（黔东南雷山县郎德苗寨）

五、黔东南干栏式苗居营建过程中的习俗

苗族有着自己独特的民族文化，这反映在民居设计和营建过程中具有其独特的民族文化内涵。把握其干栏式苗居独特的民族文化内涵，将有助于认清干栏式苗居的核心价值，为真实、完整地保护传统民居提供依据。

（一）禁忌与彩头

苗族有“向火”的习惯，传统苗居室内皆设置火塘，火塘上置三脚架放锅，全家围而食之，也可在火塘周围架设火桌置碗放碟，吃完将火桌撤走。除了烧煮食物外，主要用作取暖。苗族崇拜祖先，堂屋后壁设神龛供奉祖先牌位。

苗居关于木材的大头（树根方向）、小头（树尖方向）的放置也有讲究。进深方向的穿枋类构件需大头朝前，小头朝后山方向，但挑檐枋需统统大头朝屋外，小头朝屋里；楼枕、檩条方向的构件，需大头朝屋内，小头朝屋外，若是四榀三间、六榀五间等间数为单的屋子，最中间一根楼枕或檩条应小头朝河水流去的方向。这样做的原因主要是礼俗上求吉利。聚居山地的苗族由于受到地形的限制，建房不怎么讲究朝向，房屋多沿等高线布置，房屋朝向因地就势，朝阳即可。

（二）营造过程中的仪式

1. 伐木

苗族重视中柱，因此砍伐做中柱的木材有一些特别的要求。要求选用树梢不断、未被雷击、没有蚁窝、枝叶茂盛、树干直而圆，而且结果实的树。黔东南苗族地区选择高大笔直的杉木作为中柱，认为杉木做中柱能发子发孙。有禁忌的地方、坟墓与寺庙周围的杉木不能选用。找好杉木后要祭祀，并用麻绳将其与左右两株小树连起来，暗示他人此树已选。砍伐做中柱的树要选龙场天或马场天。砍下的树要小心扛下来，人不能摔跤，接地的一端朝前。树扛至家中，架在两个木马上。准备用作中柱的杉木在晾晒的时候不可以在其上面挂晒衣物，不准生理期的女性摸、撞。

做柱头时要按照树木生长的方向，即树梢在上方，根部接地，不能颠倒，否则就犯大忌。建造房屋时忌讳用钉子钉柱头，苗民认为这样会导致家人手脚长疮，因为柱头和居住者的手脚是同一类功能的生命器官。

2. 发墨

中柱晒干、刨光后，木匠开始发墨，苗语称“起道占”。发墨要选吉日，由主人家准备一只红公鸡（公鸡必须是叫声响亮的大红公鸡）、糯米饭（需要糯米三升）、三条以上的鲤鱼（三至七条，也可九条）、米酒、香纸，由掌墨师傅念咒祭祀，祭祀完毕，公鸡要送到掌墨师傅家圈养起来，糯米、鲤鱼、米酒也要一并送到掌墨师傅家。弹墨线之前要烧香化纸，木匠师傅必须打两根新木马架中柱，把中柱抬到新木马上放平，木匠站在中柱中间，老辈站在中柱根头，小辈站在中柱小头，师傅在中间弹墨。以前是主人站在中柱大头，师傅站在中柱小头，因为原来的木头短，师傅说“起”才可以起。弹墨线时，主人在柱根一端捏线，木匠在柱梢一端用力一弹。墨线笔直均匀，整棵中柱着墨，则表示吉利，否则改日重新举行发墨仪式。发墨成功后，掌墨师傅即用斧头劈削中柱，劈第一斧时要十分用力，木屑飞出很远，意味发得久远。中柱完工后要存放在较高的地方，不让人碰，严禁踩踏，更不能让人跨越或骑着玩耍。朗德上寨的房主对掌墨师傅的要求极为严格。发墨用的麻线由房主提供。如果墨线梢端不如根端明显，则视为不吉利，掌墨师傅要负全责，自动离职，房主另请掌墨师傅。墨线弹断，则被视为凶兆，房主必须放弃建房意图。

3. 立架

立架当天凌晨十二点过后举行“打白虎”仪式，打过白虎的日子都是好日子，一般只由鬼师和房主家三名男性参加。鬼师用镰刀剥五倍子树皮，取一根剥好树皮的五倍子树枝挂上白色的挂纸，另削三根差不多长的树枝备用；主人家分别在三根树枝上分别穿一只小鲤鱼备用；鬼师准备三碗酒、一碗米（米里塞 100 元钱），把这些以及三只插了鱼的树枝摆放好，鬼师从碗里抓一撮米撒地上，开始唱词。中途起来切一小截树枝砍两半坐回去继续唱词剥树皮扔旁边地上。整个唱词过程持续约半个小时。然后师傅端一碗酒倒地上，房主家的两个人一人喝一碗倒地上，房主家杀鸡滴鸡血在地上，并拔三根鸡翅膀上的毛扔在地上。之后烧水煮鸡由房主家三人分吃鸡（图 4-129~ 图 4-136）。

图 4-129 “打白虎”仪式的挂纸、红公鸡等物品（黔东南雷山县西江镇）

图 4-130 米、酒、镰刀等（黔东南雷山县西江镇）

图 4-131 三只小鲤鱼（黔东南雷山县西江镇）

图 4-132 将小鲤鱼穿在五倍子树枝上（黔东南雷山县西江镇）

图 4-133　穿了小鲤鱼的树枝摆放好位置
（黔东南雷山县西江镇）

图 4-134　准备火和大铁锅备用
（黔东南雷山县西江镇）

图 4-135　鬼师唱词
（黔东南雷山县西江镇）

图 4-136　鬼师端一碗酒倒在地上
（黔东南雷山县西江镇）

早上七八点钟，前来帮忙的叔伯兄弟带着工具陆续来到立架的地点，由长辈和房主主持燃放鞭炮，点香烧纸，摆放好糯米饭、鱼肉、米酒祭祀，稍待片刻将祭祀用的酒菜洒在地上。之后大家分食房主家招待的糯米饭和鱼肉，立架准备开始。立架当天清早，房主家要杀一头猪，等立到中间的几排架时，需要用猪血将黄纸贴在该排架的每根柱子上以求吉利。立架快完成时亲朋好友会挑着稻谷、一头猪以及烟花等来庆贺，立架完成之后放鞭炮庆祝，房主家站在高处撒糖，男女老少在低下抢糖。之后收拾好工具，一行人到房主家去吃酒庆贺（图 4-137~ 图 4-145）。

图 4-137　立架当天清早杀猪（黔东南雷山县西江镇）

图 4-138　立架前的祭祀（黔东南雷山县西江镇）

图 4-139　立架前放鞭炮（黔东南雷山县西江镇）

图 4-140　分吃糯米饭（黔东南雷山县西江镇）

图 4-141　立架过程中将黄纸贴在柱上（黔东南雷山县西江镇）

图 4-142　立架完成后亲朋好友放烟花鞭炮庆贺
（黔东南雷山县西江镇）

图 4-143　亲朋好友送的礼
（黔东南雷山县西江镇）

图 4-144　围观的亲朋好友
（黔东南雷山县西江镇）

图 4-145　放完鞭炮后撒糖
（黔东南雷山县西江镇）

4. 立大门及落成

建房立大门也很讲究，且要举行仪式。择吉日立好大门后，房主家准备一只大红公鸡，由木匠师傅杀鸡、烧香化纸，并用鸡毛蘸上鸡血将黄纸贴在大门上方或中间处，以示门地向阳、出入平安、大吉大利（图 4-146）。乔迁也要择吉日进行。喝立门酒时，房主需要邀请亲朋好友参加，房屋落成之后房主也要邀请叔伯兄弟、姐妹、父老喝酒。

图 4-146　贴黄纸
（黔东南雷山县）

六、黔东南干栏式苗居营建工艺的传承

（一）匠师的工作领域

黔东南苗族地区木构干栏式民居的营建一般是由大木匠师主导、各匠作（如木作、砖作、石作等）师傅合作完成。黔东南苗居吊脚楼主体结构、墙面、装修等皆为木制，分别由大木匠师及装修师傅（小木作匠师）完成；吊脚楼建筑没有石、砖构件的装饰，屋基由河里捡来的鹅卵石码砌而成，屋面没有北方和东南地区常见的苫背或望砖等，而是于椽条上直接铺设青瓦，这些都是在建房过程中由建房主人家自行完成，因此黔东南苗族地区建房时没有其余地区常见的泥水匠、石匠等。黔东南苗族大木匠师团队一般由大木匠师傅带领徒工 1~5 人（人数视工程大小及工期长短而定）组成，由大木匠师承揽工程以及负责施工质量等，大木匠师的口碑及声望也是团队声誉的重要保证。在房屋构架立好之后，大木匠师的工作完成，之后房主再另寻装修师傅进行小木装修。

在黔东南苗族地区木构干栏式民居营建中具有主导作用的大木匠师也称为掌墨师傅，其工作领域包括选址、设计与算料、统筹施工队伍、主持营建仪式、主持营建活动等。

1. 选址

苗族久居深山，是一个勤劳的农耕民族，他们几乎把所有河边、山坡上平缓的土地留做耕地，建屋选址尽量选择不能耕种的地方，再加上基址土地需要硬实、不渗水、不垮塌。苗家选好基址后稍为平整，不够硬实或可能会垮塌的地方需用石块码好石基加固。之后苗家再请大木匠师傅来看基址是否符合建房要求。

2. 设计与算料

掌墨师傅与房主家沟通，根据房主家的使用需求确定房屋的大小和基本功能空间的布置，然后对整体构架进行设计，计算好共有几排架，每排架有几根柱、枋等，就可以大致知道需要多少根木料了。掌墨师傅和房主家沟通各种木料的粗细、长短等需求，房主家自己去准备木料。在准备木料的这段时间，掌墨师傅会在家设计好房架各细节的尺寸、画好图纸、制

作丈杆等。有的房主提前准备好材料，掌墨师傅就根据基址的尺寸先定屋架的长宽，然后徒工先做穿枋、楼枕等部件，掌墨师傅根据实际需要设计屋架图纸、制作丈杆。

3. 统筹施工队伍

大木作施工队伍由掌墨师傅组织，一般一个师傅带3~5个徒工，苗家建房由房主请来掌墨师傅，掌墨师傅找来自己熟悉、配合默契的帮工或徒工来一起组成施工队伍，也有的是房主请来自己家叔伯兄弟当帮工配合掌墨师傅。掌墨师傅按照之前设计好的构架屋样画好墨线，指挥和分配任务给徒工完成加工。掌墨师傅负责把握和完成施工进度。

4. 主持营建仪式、营建活动

苗族在大木营建过程中的关键环节需要举行特定的祭祀或仪式，其中"发墨"、立架过程中的上宝梁、贴黄纸等仪式由掌墨师傅来主持。像排扇、立架等需要几十人参与的营建环节，更是需要掌墨师傅来有条有序的分工指挥才能顺利进行。

（二）师承关系

根据黔东南苗族地区大木匠师所拜师傅、所带徒弟的情况（表4-2），可以看出苗族匠师年轻时多向寨中会手艺的长辈拜师学艺，也有的是从小耳濡目染，自己摸索习得。苗族聚族而居，一般一个村就是一个姓氏，也就是说匠艺多是同姓传承的方式。而西江镇的羊排寨、也东寨、东引寨等由于相隔较近且连成一片，寨与寨之间沟通联系较多，拜师学艺不再局限于寨内，存在向附近寨子师傅学艺的现象，也就是杂姓传承（表4-3）。

表 4-2 黔东南苗居营造技艺匠师采访信息表

序号	姓名	性别	民族	出生时间	文化程度	所属村镇	拜师学艺时间	从艺时间以及经历	擅长技艺	所带徒弟	所拜师傅	从艺地点	建造建筑的类型及名称
1	潘明	男	苗	197[illegible]	初中	季刀苗寨	2007 年	2008 年至今	大木作	无	自家潘姓叔叔	丹寨、郎德、季刀	民居
2	吴继荣	男	苗	1964		郎德下寨	1980 年左右		大、小木作都能做		父亲	丹寨	风雨桥、民居
3	陈玉升	男	苗	1956		郎德上寨	1972 年左右		做木作、装修	数不清，主要有陈伟、陈大毛	父亲陈志林	上、下郎德	民居
4	杨昌义	男	苗	1949		报德村	从小就接触		大、小木作都能做很好				民居
5	陈正平	男	苗	1949		郎德上寨	2001 年	从小看着父亲做木工，年轻时在县城当会计，后来退休后自学木工技术	大、小木作都能做	两三个	自学	雷山、郎德	民居、风雨桥
6	陈正昌	男	苗	1966	小学	郎德上寨	1993 年		专做窗	杨江伞、韦华忠、梁海	跟自己爷爷学，自己研究	台江、麻台、凯里	民居
7	陈金九	男	苗	1989	高中	郎德上寨	2013 年	从小看着父辈做木工	做木作、装修	无	跟父辈自学	朗德上寨	民居
8	潘胜敏	男	苗	1980	初中	季刀苗寨	2000 年		做木作、装修	有两三个，但都出去打工去了	自学	西江、雷山县城、郎德、季刀	民居
9	陈正文（苗名：勇你当）	男	苗	1940	文盲	郎德上寨	1965 年		大、小木作都能做很好	陈当条、当往杀、金勇路、牛里衣、条勇当	跟父亲你当送（苗名）学习，自己研究	西江、金平、郎德、雷山、报德、季刀	民居
10	董洪成	男	苗	1949	文盲	西江镇东引寨	1967 年	1973 年至今	大、小木作都能做很好	数不清，大徒弟侯昌伦	跟父亲董麻保学	麻阳、凯里、麻江、西江	民居、风雨桥、凉亭
11	侯昌伦	男	苗	1949	初中	西江镇羊排寨	1968 年	1983 年至今	大木作	蒋正光	董洪成	西江等地	
12	蒋正光	男	苗	1956	初中	西江镇羊排寨	1977 年		大木作		侯昌伦	西江等地	
13	陆端泽	男	苗	1947	小学	西江镇平村	1962 年		大、小木作都能做	20 余人	自学	湖南、凯里、油江、西江	民居
14	余世泽	男	苗	1952	初中	三棵树镇摆底村	距今 40 多年	1972 年至今	大木作	潘林等	自学	凯里、西江	风雨桥、民居

表 4-3　杂姓苗族传统营建技艺传承表[1]

代序	姓名	性别	出生时间	文化程度	师承	学艺时间	居住地
…… 第 n-1 代 第 n 代	因苗族无通用的文字，无法确定首代木匠的人氏。只知是时代传承下来的						
第 n+1 代	董麻保	男	1905	文盲	祖父	15 岁时	东引寨
第 n+2 代	董洪俊	男	1925	文盲	董麻保	16 岁时	东引寨
第 n+3 代	董洪成	男	1949	文盲	董洪俊	16 岁时	东引寨
第 n+4 代	侯昌伦	男	1949	初中	董洪成	15 岁时	羊排寨
第 n+5 代	蒋正光	男	1956	初中	侯昌伦	19 岁时	羊排寨
第 n+6 代	侯九力	男	1968	初中	蒋正光	20 岁时	羊排寨

（三）传承方式

由于苗族匠艺传承多是以向父辈学习或耳濡目染自学而成，因此拜师时并没有特别的仪式。营建技艺的学习多是在实践中积累经验而来，拜师后师傅会带着徒弟一起接活，徒弟从最简单推平木料、打榫眼等帮工学起，学会看懂师傅画的各种标记，熟练各种工具，之后才开始学习更为复杂的工作，整个过程由简到难，最后把画图纸、丈杆、弹墨线等技艺都掌握熟练之后，在做活的过程中师傅会让徒弟尝试独立制作某些部件、制作图纸等，等徒弟完全熟练之后就可以出师了。一般学得快的一年左右就可出师了，也有学三五年出师的，看个人情况而定，没有固定的时间长短。

七、贵州黔东南干栏式苗居营建工艺的当代变迁

近年来，现代文明的进入以及经济的快速发展打破了这原本平衡的状态，在传统民居文化保护与经济快速发展的矛盾调和过程中，传统苗族吊脚楼的形式发生了变迁。

[1] 张欣. 苗族吊脚楼传统营造技艺［M］. 合肥：安徽科学技术出版社，2013：165.

（一）贵州黔东南干栏式苗居营建工艺的形式变迁

1. 平面布局的变迁

在过去，苗族是农耕民族，建筑的分层分区是围绕传统农耕生活方式的基本需求展开。现在随着电与自来水的使用以及西江苗族与外界日渐频繁的交流沟通，西江人们也开始接受现代化的生活方式了，传统的火塘间、开敞的堂屋逐渐被现代意义上的厨房、客厅所取代。现在由于生活方式的改变，人们多把开敞的退堂与堂屋合并成一个围合的空间，放置沙发、电视等改造成现代意义上的客厅。由于电的使用和消防的考虑，火塘多已不再使用，火塘间改成有灶台的厨房或另作他用，厨房则增设在房屋两侧或屋后。另外，随着西江旅游业的兴起，部分人家建新房或改造原有房屋经营客栈或农家乐。一层不再饲养牲畜，收整干净重新装上壁板改造成商铺，或为店家自住以及布置操作间等。堂屋改成客栈大堂接待客人及就餐，顶层不在堆放粮食杂物，四壁封好改成阁楼以提供足够多的住宿房间。

另外，苗族崇拜自然、崇拜祖先，原先大多数苗族屋内都设有祭祀空间，重要的节日以及吃饭前都会有祭祀，甚至反映在房屋建造的过程中几个特定的环节都需要举行不同的祭祀活动。现在这些传统信仰下的礼俗活动都在逐渐简化，大多都只是一个象征性的过程，苗居室内大都不再单独设置祭祀空间。

2. 构架的变迁

苗族建筑是半干栏式穿斗型木结构建筑，构架形式以五柱四瓜形式较为常见（图 4-147、图 4-148），其结构为三层或四层木楼，由于建在坡地之上，多采用半边悬空、半边落地的半干栏式构架结构，通常情况为四榀三间到六榀五间不等。部分人家需要在一楼建外走廊的需加设夹柱。现在随着旅游业的兴起，部分人家建房经营客栈或农家乐，需在房屋水平方向中间设内走廊，传统排架的中柱会影响内走廊的布置，因此出现了一种新的排架形式：取消中柱改设两根立柱（间距为走廊宽度），上插一根较粗较厚的短枋，短枋上设馒头榫搁置一根短瓜，这样就解决了设内走廊的需求，现在平层墙体多用砖墙代替原来的木板墙，为了砌墙方便，排架也

图 4-147　苗居五柱四瓜构架
（黔东南雷山县西江镇）

图 4-148　客栈功能六柱木构架
（黔东南雷山县西江镇）

不再设置地脚枋。

传统吊脚楼由于楼板搭在楼枕上方，且楼板两头需要卡在横向的照面枋上企口中，因此匠师在进行屋架设计的时候就会考虑层高及楼板的位置。传统苗居平层层高一般在七尺左右，也可由房主自己根据需要来定，层数多的从一层到顶层每层层高递减三寸，底层牲畜圈的层高则视地势而定，没有特别的规定。传统苗居吊脚楼中间堂屋上方的楼面要比两侧的抬高四五寸至七八寸，有的甚至达到一尺，这样做的原因一是突显堂屋的重要性，二是使木构架之间的拉结、受力更合理。现在多数新建的苗居平层层高都在 2.7 米左右，经济情况的改善使得人们新修的房屋层数多数都在四层，层高的递减也没那么强调了。传统吊脚楼堂屋楼枕的抬高会使堂屋上方房间的地面高于其他房间，这对原先顶层堆放粮食杂物并无影响，但现在由于顶层设置房间居住或开设农家乐的需要，以及层数增加等原因，新建的房屋为了二层房间楼面保持同一水平使用方便，堂屋上面的楼面不再抬高。早期苗居吊脚楼顶层储藏粮食杂物不住人，因此也不需要开窗，楼枕的位置设置在挑檐枋上方。现在大多数人家顶层需要有居住功能，需要考虑开窗，原先这种做法屋檐会遮挡窗子的光线，因此现在改进之后通常把顶层楼面的楼枕设置在挑檐枋之下，使顶层层高增加，开窗方便。

苗居屋顶形式有悬山和歇山两种，歇山屋顶的转角处设 45° 挑出的挑檐枋承托屋顶（图 4-149），现在顶层用来住人，斜撑的挑枋会比较占用空间，影响房间的使用，富有经验的苗族匠师将原有的斜撑的角梁改为两根相互垂直的挑檐枋（图 4-150），既解决了结构上的受力又扩大了室内的使用空间。屋顶坡度变化也与构架不无关系，苗族吊脚楼屋顶呈现越趋平缓的现象（图 4-151），据西江苗寨董洪成师傅介绍，苗居屋顶原先为六扣，即檐柱顶与中柱顶的垂直距离与水平距离的比例为 6∶10，后来由于采光的需要变为 5∶8，即五八扣，后来普遍采用的是五四扣的屋顶斜度，现在随着旅游业的发展，为防止风吹瓦片掉落，部分屋顶更是做到了四五扣。

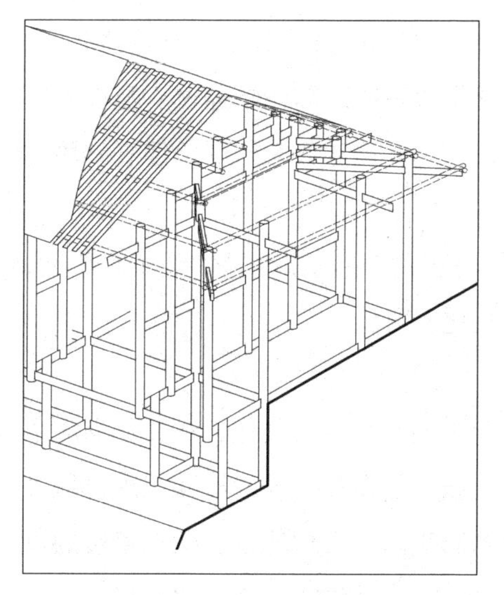

图 4-149　斜撑 45° 的挑檐枋屋架（作者自绘）

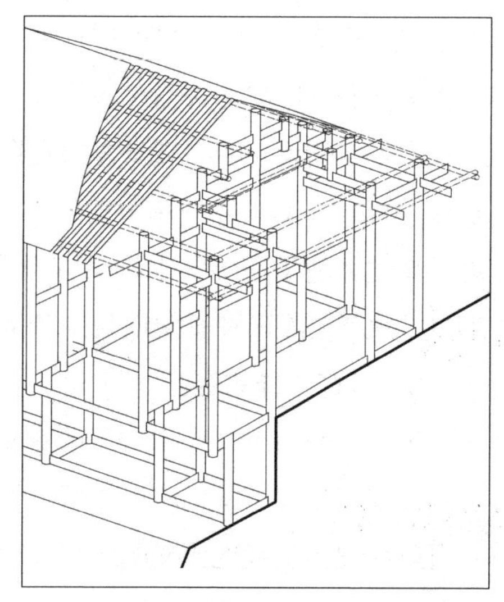

图 4-150　两根相互垂直的挑檐枋屋架（作者自绘）

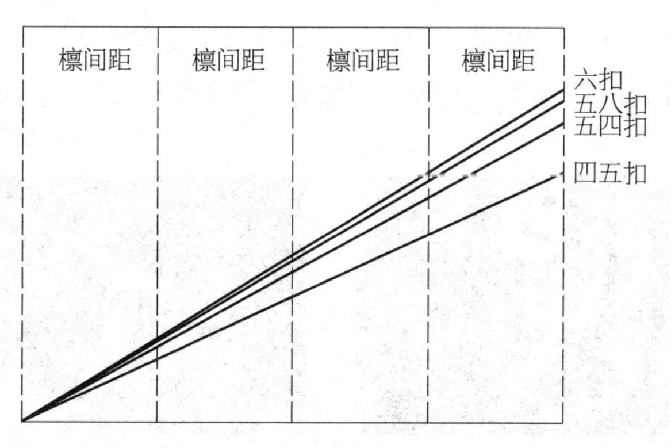

图 4-151　苗居屋顶斜度示意图（作者自绘）

3. 建筑基础的变迁

为了防潮，传统苗居吊脚楼对基础的处理是在夯实地面后于柱子的位置放垫石，基地条件不够好的以片石或卵石筑台。现在西江吊脚楼普遍采用钢筋混凝土做底层并形成一个平台，屋架立于平台之上，完全代替了原有的石砌基础。

4. 装修的变迁

以前经济困难，门洞窗户不仅为了采光、通风，还要考虑到保暖，因此传统苗居门窗尺寸都比较小。原先的窗子没有玻璃，窗户做成开扇窗，内设置可滑动的木板以封严窗户来达到保暖和防盗的目的，或设置固定的较小尺寸的直棂窗格来通风。门洞也开得比较矮，需弯腰通过。现在人们追求室内空间采光明亮以及方便实用，将门窗尺寸放大与现代建筑常用门窗尺寸相当，窗户多使用木窗格与玻璃组合的设计，既实用风格又统一。这些变化体现了在传统木构吊脚楼上，既保持了民族性又体现了时代性，满足了西江苗族人民日益增长的精神文化需求。

5. 装饰纹样的变迁

现代文明与汉文化相对于苗族文化来说都是强势文化，在文化交流中会出现高文化向低文化流动的现象，苗族社会在与外界的沟通交流过程中不可避免地会受到现代文明与汉文化的影响。汉文化的进入比较直接的反映在装饰纹样上，传统苗居并没有过多的装饰，装饰重点部位在封檐板、门窗、美人靠侧面挡板、吊瓜等处，装饰形式以牛角象征与简单的几何纹样（如方格纹、回形纹等）为主，基本没有较为复杂的图案。现在随着经济条件的改善，人们更加注重这些部位的装饰功能，装饰纹样中出现了万字纹、龟背纹、灯笼锦、五角星、天鹅、南瓜等纹样（图 4-152、图 4-153）。

图 4-152　窗格纹样
（黔东南雷山县西江镇）

图 4-153　苗居美人靠挡板
（黔东南雷山县朗德苗寨）

（二）影响吊脚楼形式变迁的因素

"因为各个系统一般是维持稳定的，所以文化通常也是相当稳定的，除非它们调适的状况发生了改变，或者人们对这些状况的看法发生了改变，否则它们就保持不变。❶"研究风土民居的形式变迁，我们不妨从决定其形式的各因素的变化来探讨。风土民居建筑的形式并不仅是单纯由功能、材料、气候、技术等因素来决定，世界各地的民居呈现多种多样的形制，归根结底是受到不同社会文化因素的影响。建筑与人类学研究方面的专家阿摩斯·拉普卜特（Amos Rapoport）的《宅形与文化》中认为，"住屋的形式不能被简单地归结为物质影响力的结果，也不是任何单一要素所决定；它是一系列社会文化因素作用的产物，同时，气候状况、建造方式、建筑材料和技术手段对形式的产生起着一定的修正作用，社会文化影响力称为首要作用，其他各种因素称为次要或修正因素。❷"风土民居是当地居民在文化大背景下对理想生活环境的物化表达，生活方式、群体的价值观念、风俗信仰等这些方面的变化会影响人们对理想生活及环境的定义，进而使人们对房屋空间的使用诉求发生改变，宅形也随之改变。

现代文明的进入和旅游经济的发展从根本上改变了西江苗族的生活方式。过去苗族是农耕民族，吊脚楼建筑的空间功能、分层分区是围绕传统农耕生活方式的基本需求展开，然而随着西江旅游经济的发展，农耕不再是唯一支撑经济与生活的谋生手段，农闲时人们开设农家乐、客栈，或开店铺卖苗绣、银饰等旅游产品。并且随着电与自来水的使用以及西江苗族与外界日渐频繁的交流沟通，西江人们也开始接受现代的生活方式，传统的火塘间、开敞的堂屋逐渐被现代意义上的厨房、客厅所取代。商业发展使得他们把临街的一楼房间改成店铺，或堂屋改成客栈大堂，房间改为客房，以及新出现的以适应客栈内廊需求的六柱排架形式，这些都是为

---

❶ 威廉·A·哈维兰. 文化人类学（第十版）[M]. 瞿铁鹏，张钰译. 上海：上海社会科学院出版社，2005：420.

❷ 阿莫斯·拉普拉特. 宅形与文化[M]. 常青，徐菁，李颖春，张昕译. 北京：中国建筑工业出版社，2007：46.

了适应新的建筑格局变化而产生的。由于近几十年来社会、经济、交通的发展以及广播电视的普及等因素，西江苗族社会与现代文明、汉文明的沟通交流日益增多，因此苗族文化也不可避免地受到现代文明与汉文化的影响，人们开始接受汉族的审美与价值观念。当地苗族参与到旅游经济中，希望能够通过旅游增加更多经济收入，为了使客人舒适，客栈房间学习汉族习惯来布置和布局，这反过来也影响了他们自己的生活习惯和价值观念。

在这种变化的社会环境下，传统吊脚楼面临继承传统及适应新功能与价值需求的挑战，这要求它能够作出变化并能适应。在西江传统吊脚楼通过自身变迁适应的过程中，其营建技艺的留存与发展是最根本条件，在实际操作过程中，能够顺应各种变化和需求并且最终实现建筑形式，靠的是当地苗族匠师的双手和智慧。西江当地原生材料的延续与现代建房材料的使用为苗族人们心中理想环境的实现提供了物质条件。另外，黔东南政府在规划中对西江传统村落进行强制性的保护，规定新修的建筑主体必须保持木结构、瓦屋顶的风貌形式，建筑限高 11.6 米，在其强制实施过程中也强迫西江当地人们加深认识和重视本土文化，强化了文化主体的自我认同感，以使他们在自身文化发展中作出包含“文化价值”的选择时避免盲目。西江苗族生活方式、审美及价值观念的变化是推动传统吊脚楼形式演化的内因，而一些外部条件可能会为这种变迁提供支撑、导向或限制，吊脚楼形式的变迁是在多种因素的合力作用下产生的。

八、黔东南干栏式苗居营建工艺特征总结

黔东南苗族地区吊脚楼的营建由大木匠师主导，通过对大木加工技艺的研究，可以看出匠师对木构架的宏观整体把握以及贯穿整个设计和施工的流程，如构件位置的调整、编号以及榫卯的制作都不是孤立的，都是匠师从构架整体角度来考虑和操作并形成体系的。相对比其他地区的大木作营建技艺，黔东南西江镇苗居大木作营建技艺主要呈现以下特点：

（一）工艺做法较古朴简单

前面提到黔东南苗族地区吊脚楼保留了某些古代建筑的传统做法，如喜用歇山屋顶，有的歇山屋顶呈现上下两迭形式、采用平行椽等，这些形制实为古代曾经出现过的工艺手法，中国历朝历代对边疆地区实行封闭政策，再加上苗族久居深山，交通不便，这或许是为什么传统吊脚楼保留有许多古制的原因。

相比较于其他地区的传统民居建筑体系，黔东南苗族地区吊脚楼建筑并没有太多复杂的建筑构件与华丽的建筑装饰，屋檐转角也无发戗，构件之间的搭接和工艺都不像江南民居、福建民居那么讲究和复杂，其建筑体系本身并不是特别的成熟，当然这也可能与苗族本身历史上的社会、经济环境有关，也与其苗族文化自身的审美不无联系。总体来说黔东南苗族地区传统吊脚楼的工艺做法比较古朴简单。

（二）工艺做法较轻巧灵活

雷公山区木材资源丰富，但苗居吊脚楼的构件用材尺寸都不大，构件较轻巧。从前面的介绍可以看到，部分苗族大木构件的加工地点与实际立房的地点并不一定在一个地方，苗族聚居山地，建房基址处不一定足够平整宽敞来方便构件的加工与摆放，因此许多人家都是在开阔避雨处加工好构件之后再搬运至基址处拼装立架，通过匠师的有序编号能很快找到对应连接的构件进行排扇组装。并且由于地形的限制，部分构件如挑檐枋、瓜柱及瓜枋等可在立架之后再进行组装。在营建过程中，轻巧的构件为我们对其灵活的操作提供了可能性。

另外，半边架空半边落地的半干栏式能够更好地适应山地地形。苗居一般根据地形分阶筑台而建，根据地形下吊一至两层；面对各种起伏剧烈或不规整的复杂地形，以吊脚或悬挑的方式，并加以调整落地柱的不同长度就能够很好的适应。半干栏构架适应各种地形变化却不影响其受力状态，“……构架每根柱子独立承荷，相互不发生受力上的关联，各节点为柔性铰结点，能缓冲变形，虽柱脚高低不同，但在垂直荷载作用下内力不会发生改变，在水平荷载作用下内力变化也很小……”[1]其结构的力学性能为构架的灵活变化提供了保证。干栏式苗居对山地的适应性为我们现代山地建筑的设计、营建提供了一定借鉴。

（三）工艺做法最大限度利用了木材

在西江大木营建的过程中体现了对木材最大限度的合理利用。西江地区苗居吊脚楼的柱子并不像许多讲究的地区柱子需加工成标准的圆柱，苗族匠师将砍下杉木的枝杈削去，大致砍直后即可弹线做柱，使木材截面保留了最大受力面积。木材整体不够直的，则用有弯曲的一面用来作穿枋的榫卯，保证一排架子的各个构件在一个垂直面上。木材加工过程中将树皮大块剥下压平晾干，可做树皮瓦。过去是由于经济条件的限制，西江苗居屋顶许多都使用树皮瓦，这种习惯延续到现在，部分辅助用房的屋顶仍在使用这种树皮瓦。一根成材的杉木，底部粗的做柱，上部细的做檩，中间不粗不细的做楼枕，削去的枝杈以及加工的边角料、木屑可用来烧火煮饭。在整个大木营建过程中，每一根杉木从头到脚每个部分都被合理的使用，没有一点浪费。过去苗族生活并不富裕，而木材的砍伐和搬运都需要资金或人力，因此每一根木材都需要被最大限度的利用。现在苗族经济情况改善了，这些对材料的使用习惯大部分仍保留，它们潜移默化成了匠师的技艺。

九、调查过程中遇到的问题及经验

（一）地域层面的影响

实地调查过程中发现同一地区相近地点的民居细部构造或工艺做法是有所差别的，这些细节上的差异并不影响民居的大体形式，因而常被忽

[1] 李先逵. 干栏式苗居建筑［M］. 北京：中国建筑工业出版社，2005：75.

略。例如，郎德苗寨和西江镇的民居立面形式、屋顶举架、丈杆形式等都有所不同，而造成这些差异的原因或是当地人们生活习惯、习俗的细微差异所致，或是两地匠师流派、师承的差异所致，也有可能是其他的原因。对于这种差异，我们需要充分认识整个地区的民居与营建工艺的生存背景以及其传承、发展的脉络，继而进一步调查研究造成这种差异的原因，或许会有更多的收获。

（二）匠师层面的影响

部分调查地点由于地处偏远或处于少数民族地区，存在地方性方言或者少数民族语言，导致调查过程中语言不通的情况出现，这对我们与匠师之间的访谈、沟通造成了影响。在实地调查之前、调查队伍组织时，可根据实际情况尽量吸收有当地生活经验的队员参与进来，或在调查过程中寻求当地懂汉语的人员协助与匠师之间的沟通，保证调查工作的顺利进行。需要注意的是，在调查记录过程中应忠于匠师的语言描述方式，保留匠师语言中方言或土语的说法，保持记录的真实性。另外，实地调查可能会有遗漏，需要后续进行调查，由于地方匠师具有一定的流动性，因此在调查过程中尽量留存匠师的联系方式，方便后续跟踪或补充调查。

（三）调查团队方面的影响

为了保证调查工作的顺利开展，相关调查人员不仅需要具备相关的专业背景知识，还需要对调查地区的自然环境、历史背景、社会背景等有一定了解，对该地区的民居营建工艺的研究现状有所把握。由于开展实地调查的时间是有限的，如果在实地调查过程中耗费大量时间来做这些基础背景方面的工作，将会造成人力、物力资源的浪费。因此，一定要重视前期的文献调查工作，并组织必要的前期培训。培训内容包括：明确实地调查的目的性、针对性，熟悉与掌握调查工作的要领及采录技巧，提高调查人员的素养。人员分工时可根据个人专长作出合理安排，以提高实地调查的工作效率。另外，调查过程中应注重团结协作、互相配合。

（四）资料整理的经验

在实地调查过程中，各小组调查采集的照片、视频、文字等资料最好每日及时汇总、梳理。调查采集到的资料及时对应相关的内容要求、成果要求进行梳理，以明确是否采集完整或有所遗漏。对于调查队伍的管理来说，及时了解调查资料整理情况不仅能够就地及时开展补充采集工作，也可避免调查小组之间的重复调查工作，这将有利于调查队伍更有目的、有计划地推进后续调查工作。

十、结语

在实地调查的过程中，我们发现由于相关部门的保护和旅游业的发展等原因，传统吊脚楼的营建仍是主流。在过去，由于语言、交通等因素，使得苗族地区建筑文化在有限的区域内进行传播，形成独树一帜的建筑工艺体系，同样的原因也使得工艺留存的情况较好。并且于近年来，在传统民居文化保护与经济快速发展的矛盾调和过程中，传统苗族吊脚楼通过自身与时俱进的发展和调节以适应，其形式发生了一定的变迁（如吊脚楼出现了适应客栈内廊式布局的六柱排架形式等）。在传统民居建筑自身发展停滞并逐渐消亡的今天，黔东南苗族地区传统吊脚楼还在与时俱进的发展、演化，然而我们也要看到于实际操作过程中，能够顺应各种变化和需求并且最终实现建筑形式，靠的是苗族匠师的双手和智慧。

对传统吊脚楼营建技艺原理和特点进行探讨将有利于我们深刻地把握营建技艺，这也是展开相关保护与传承工作的基础。如今相关部门对黔东南苗居吊脚楼营建技艺的保护主要是依靠对非遗传承人的认定和对建筑遗产的保护等手段，传统技艺的保护传承只能依靠工匠自身的坚持，苗族吊脚楼营建技艺的传承和保护工作仍是一项非常艰巨和紧迫的重任。面对剧烈变化的社会环境我国许多传统工艺都遭遇了断裂式发展变化的状态，想要与变化的社会环境相适应，这并不是建筑营建技艺文化主体自身能够做到的。针对当今时代语境下营建技艺的保护应当采用什么样的方式和手段，对黔东南苗族地区的营建工艺展开有效的传承与保护工作，传统吊脚楼未来发展的趋势是什么，我们仍要进一步去研究、去探索。

参考文献

[1] 李先逵. 干栏式苗居建筑 [M]. 北京：中国建筑工业出版社，2005.

[2] 杨源. 来自田野的报告——民族田野调查与非物质文化遗产保护 [J]. 中国博物馆，2006，04：3-12.

[3] 赵农. 手艺的黄土地——关于手工艺田野调查的思索 [J]. 西北美术，2003，02：18-21.

[4] 郑欣. 田野调查与现场进入——当代中国研究实证方法探讨 [J]. 南京大学学报（哲学·人文科学·社会科学），2003，03：52-61.

[5] 徐磊. 再论非物质文化遗产田野调查方法 [J]. 设计艺术（山东工艺美术学院学报），2011，05：67-68.

[6] 王先鹏. 浅析贵州苗族建筑的文化内涵 [J]. 中华民居（下旬刊），2014，10：218-219.

[7] 高媛，但文红. 苗族传统民居建筑空间功能与秩序化 [J]. 贵州师范大学学报（自然科学版），2014，06：25-29.

[8] 彭礼福. 苗族吊脚楼建筑初探——苗族民居建筑探析之二 [J]. 贵州民族研究，1992，02：163-166+162.

[9] 罗德启. 贵州民居 [M]. 北京：中国建筑工业出版社，2010.

[10] 马炳坚. 中国古建筑木作营造技术 [M]. 北京：科学出版社，2003.

[11] 李浈. 中国传统建筑木作工具 [M]. 上海：同济大学出版社，2004.

[12] 张欣. 苗族吊脚楼传统营造技艺 [M]. 合肥：安徽科学技术出版社，2013.

[13] 吴位巍. 苗族木质吊脚楼的榫卯技艺 [J]. 贵州民族研究，2013，04：51-54.

[14] 陈波，黄勇，余压芳. 贵州黔东南苗族吊脚楼营造技术与习俗 [J]. 贵州科学，2011，05：57-60，64.

[15] 钟行明. 中国传统建筑工艺技术的保护与传承 [J]. 华中建筑，2009，27（03）：186-188.

[16] 李浈. 关于传统建筑工艺遗产保护框架体系的思考 [J]. 同济大学学报（社会科学版），2008，05：27-32.

[17] 杨达. 中国传统营造工艺保护特点解析 [J]. 同济大学学报（社会科学版），2009，01：34-40.

[18] 浙江省文物管理委员会，浙江省博物馆. 河姆渡遗址第一期发掘报告 [J]. 考古学报，1978（01）：46~48.

[19] 田名利，谈国华，徐建清，周润垦. 江苏宜兴西溪遗址发掘纪要 [J]. 东南文化，2009（05）：59.

[20] 苏州博物馆，吴江市文物管理委员会. 吴江梅堰龙南新石器时代村落遗址第三、四次发掘简报 [J]. 东南文化，1999（03）：19.

附　录

附录一　贵州黔东南苗族地区木构干栏式民居营建工艺研究实地调查方案

（2014年10月29日至2014年11月9日）

调查地点：贵州省黔东南州朗德上寨、西江苗寨。

调查路线：重庆→朗德上寨→西江苗寨。

费用预算：交通费800元/人，住宿费每人70元/天，伙食补助每人50元/天，出行10天，预算每人2000元，6人共计12000元。

人员组成：刘贺玮、王刚、高彦希、金利、陈昀昀、王康。

调查任务：苗居形制、装饰、材料、工具、工匠营建工艺等的全面调查。

调查任务重点：整理民居形制、装饰；整理营建工序，拍摄营建过程的图片；搜集材料、工具、习俗等相关信息；寻访匠师；选择具有代表性的民居测绘。

前期工作安排：先后召开两次外出调查工作会，对课题内容和调查工作的总体给予说明，完善通讯录，建立QQ群，出发前每人必须完成规定必读书目：《苗族吊脚楼传统营造技艺》《干栏式苗局建筑》《中国古建筑木作营建技术》的阅读。

分工准备调查前期工作：例如，后勤保障工作（了解经费标准、落实经费、请假单、外出申请单）；外出保障工作（明确交通方式及路线、火车票预订、住宿预订、天气预报查询）；文献搜集工作（村落背景知识、其他相关研究成果）。

调查工作分组分工：每组3人，各组有组长1人，每组需要1个男生（安全）；每组需1人管钱，1人管账；调查时需1人提问，1人记录，1人拍照；其中刘贺玮提前2天出发前往黔东南州文体广播电视局、雷山县文化体育局、雷山县非物质文化遗产保护中心等联系工作，争取地方政府支持，了解当地情况。

工作形式：分组调查，每天汇总成果；每天对图片、视频等资料及时整理分类及重命名；根据具体情况拟定第2天的任务计划。

设备携带：每组至少2台笔记本电脑，1台DV，1台单反相机。

需自行携带的工具、文具等物品：身份证、学生证、卷尺、笔、记事本或速写本。

书籍携带：分别携带之前阅读的3本书，以便调查时查证方便。

调查成果内容及形式：分类整理的文件夹（照片、视频的分类整理，包括必要的图片说明，测绘的CAD图，SU模型，表格等），调查报告文本，成果汇报的PPT。

具体行程安排：

10月29日下午派遣刘贺玮1人乘坐火车先行从重庆到凯里，与当地文物管理所、民族民间文化保护管理委员会等政府部门、组织见面，取得工作上的支持。

10月31日15:30其他5人于重庆菜园坝火车站候车厅集合，乘坐列车从重庆到凯里。

11月1日上午到达凯里火车站，打车去凯里汽车站，乘坐凯里至朗德上寨的客车。稍事调整，安排好住宿，下午开始调查工作。

11月3~4日分组调查。

11月5日上午坐车1~2小时到达西江，安排住宿。下午开始调查工作。

11月6~7日分组调查。

11月8日中午从西江苗寨坐车前往凯里，下午乘坐火车从凯里出发至重庆。

11月9日上午抵达重庆。

安全问题：调查期间集体行动，不落单，尊重当地习俗习惯，提高安全意识。

到达第一天的工作安排：了解村落情况，找寻施工点，找寻匠师，了解当地营建材料、工具等。

附录二　贵州黔东南苗族地区木构干栏式民居营建工艺研究实地调查方案

（2015 年 4 月 6 日至 2015 年 4 月 15 日）

调查地点：贵州省黔东南州西江苗寨。

调查路线：重庆→西江苗寨。

费用预算：交通费 800 元 / 人，住宿费每人 70 元 / 天，伙食补助每人 50 元 / 天，出行 10 天，预算每人 2000 元，4 人共计 8000 元。

领队：刘贺玮。

人员组成：刘贺玮、陈昀昀、周勇江、方骥飞。

调查任务：针对苗居排扇、立架、上檩条、上椽条、上瓦营建工艺作补充性调查。

前期工作安排：召开外出调查工作会，安排外出调查前期工作，明确外出调查分组分工与具体行程安排；熟悉了解相关调查内容，每位同学熟读相关书目。

前期工作分工：

①后勤保障工作：刘贺玮负责搜集每位同学请假单、外出申请单上报学院。

②外出保障工作：陈昀昀负责明确交通方式及路线、火车票预订、住宿预订、天气预报查询。

③文献搜集工作：周勇江、方骥飞负责村落背景知识、其他相关研究成果的搜集。

调查工作分组分工：

刘贺玮（组长，负责制订每天调查计划、联络匠师、每天总结并书写工作日志，管理经费）。

陈昀昀（负责文字记录和整理，记账，安排联系住宿）。

周勇江（负责拍照、维护保管设备）。

方骥飞（负责录像、维护保管设备）。

工作形式：分组调查，每天汇总成果；每天对图片、视频等资料及时整理分类及重命名；根据具体情况拟定第2天的任务计划。

设备携带：每组2台笔记本电脑，单反相机1台，摄像机1台，录音笔1支。

需自行携带的工具、文具等物品：每人需携带身份证、学生证、卷尺、笔、记事本或速写本、常用药物。

调查成果内容及形式：分类整理的文件夹（照片、视频的分类整理，包括必要的图片说明，测绘的CAD图，SU模型，表格等），调查报告文本，成果汇报的PPT。

具体行程安排：

4月6日乘坐汽车先行从重庆到凯里，并包车至西江苗寨，安排住宿。

4月7日调查立架前屋主、匠师的准备工作。

4月8日调查房屋立架流程。

4月9~10日调查钉檩条流程。

4月11~12日调查钉椽条流程。

4月13~14日调查上瓦流程。

4月15日中午从西江苗寨坐车前往凯里，乘坐汽车或火车返回重庆。

安全问题：调查期间集体行动，不落单，尊重当地习俗习惯，提高安全意识。

到达第一天的工作安排：了解村落情况，找寻施工点，找寻匠师，了解当地营建材料、工具等。

附录三　贵州黔东南苗族地区木构干栏式民居营建工艺研究实地调查日志

调查过程：2014年11月、2015年4月、2016年3月、2016年9月期间的两次短期补充调查。

一、2014年10月29日至2014年11月9日调查日志

2014年10月29日，笔者先行2日乘坐火车从重庆到凯里，与当地文物管理所、民族民间文化保护管理委员会等政府部门、组织见面，希望取得工作上的支持或相关资料、信息、经验上的分享。10月31日上午抵达贵州凯里火车站，之后于上午9:00前往黔东南州文化局，就课题调查工作与黔东南州文体广播电视局粟主任进行沟通，得到其支持肯定，得知苗寨吊脚楼营建技艺的相关保护工作以及申遗工作是由雷山县文化局在做，并建议笔者前往雷山县文化局与侯主任进行进一步的沟通工作。上午10:30乘车前往雷山县，于下午4:00左右与雷山县文化局侯主任进行会面，经过沟通，侯主任提供了西江营建技艺的申遗资料、苗居营建工艺主要传承人的住址及联系方式，还推荐了值得参考的相关书籍《西江千户苗寨的历史文化》，同时还推荐了值得去实地调查的雷山县的其他民居点，如雷山县新塘地区的苗居建有“水上粮仓”而具有一定特色。另外，侯主任还对雷公山地区曾广泛使用的树皮瓦进行了介绍。并且，由于雷山县非物质文化遗产保护中心也正准备于明年开始对苗居营建工艺进行数字化建设，表示愿意双方共同分享资料，相互合作，取长补短，愿意在

传统村落民居营建工艺调查

后期帮助我们进行补充拍摄工作，以及提供苗居的旧貌照片，对我们提供了很大帮助。

由于预定调查的朗德苗寨地处偏远，网上及文献上搜集到的资料信息有限，2014 年 10 月 30 日笔者乘坐大巴前往朗德苗寨，实地了解村寨情况，并向当地村民打听工匠的具体住址、情况。给明天到来的同伴们预定住宿。同日，调查小组的其余 5 人于重庆菜园坝火车站候车厅集合，乘坐火车从重庆前往凯里。

11 月 1 日上午 9:30，与后面出发的同学汇合后，我们先集体参观了朗德博物馆，之后分 2 组：一组在朗德上寨调查建筑形制、结构、功能布局、寻访传统匠师；另一组在朗德下寨木构架加工点调查构架加工流程、木材的来源、工具，于朗德下寨一处传统民居装修点询问了师傅室内装修工艺流程及相关工具。当天晚上 19:00 在住宿处集合，对当天采集到的资料作汇总以及分类整理，汇总工作日志、财务情况，并对当天的工作情况进行总结，对第 2 天的工作进行分工安排。

11 月 2 日上午 9:00，按照昨天的人员分组，一组去朗德上寨调查门、窗、瓜柱等装修及装饰细节，由于采集到的资料较多，当天下午即开始分类整理工作；另一组于朗德下寨木构架加工点补充大木营建工序、木构架加工细节、工具尺寸等，与中午返回朗德上寨前往陈正平师傅家采访其作窗格的工艺，并随其至陈正昌师傅处调查其窗格加工点，下午前往报德村采访杨德昌师傅建房工艺细节、汉苗语的构件称谓对照、建房习俗及仪式等内容。晚上 19:30 大家开始工作，对采集到的资料进行汇总，分组汇报成果，之后选定第 2 天开始测绘民居，并对第 2 天的工作进行了分工安排。

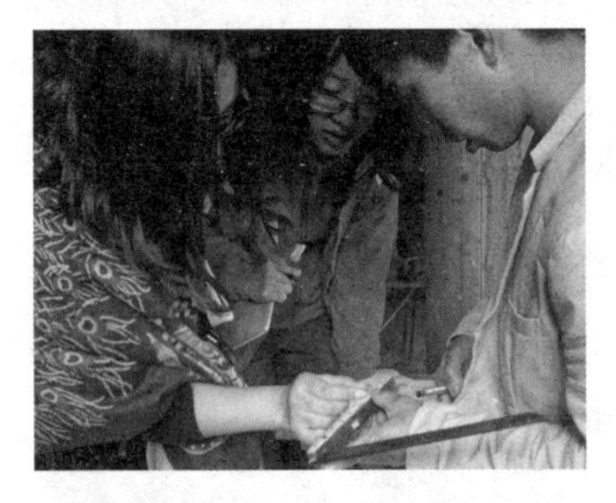

11月3日上午9:00，按照之前的人员分组，一组前往陈秀文家开展测绘工作；另一组前往朗德上寨杨大六故居附近一处正在装修的民居处进行调查，后前往陈金九家参观其自己装修的新房子，并向其询问了部分装修细节，相关工具的使用方式等，得知其第2天准备上山伐木，遂约定一同前往。之后该组前往河对面一处废弃的民居处调查，该民居有改扩建及维修加固的痕迹。下午该组前往陈正昌处补充调查其作窗格的工艺流程及工具，之后前往朗德下寨潘胜敏师傅处调查室内装修中作“插排枋”的工艺，之后于朗德下寨另一个民居装修点调查壁板回枋的制作工艺。晚上8:00两组对采集到的资料进行汇总，对照片、视频作分类整理。

11月4日上午8:40，按照之前的人员分组，一组于朗德上寨补拍形制、装饰纹样的内容；另一组随陈金九师傅前往调查伐木过程，向其询问了木材砍伐、选择、运输等问题，之后前往陈正文师傅家采访。晚上8:00两组总结成果并讨论后继续对资料进行分类整理、重命名工作。

11月5日上午9:00，包车前往西江，于11:30到达西江住宿点，屋后调查西江苗寨概况、寻访可进行调查的民居点。下午在一处民居装修点采访了杨昌义师傅，调查了其加工壁板的工艺，之后分2组分别前往也东寨、羊排寨调查民居形制与装饰。

11月6日上午9:00，前往东引村木材加工点调查了其改板材的工艺，下午采访了东引村的董洪成师傅关于民居构架形式、西江地区屋顶曲线的做法。

11月7日，对照片、视频作分类整理，开会总结调查成果，之后就调查情况补拍照片。

11月8日全组人员包车从西江至凯里火车站，之后乘坐火车于11月9日抵达重庆。

二、2015年4月6日至2015年4月15日调查日志

2015年4月6日，与西江董洪成师傅联系，得知其主持修建的房屋将于今日开始立架，遂于3月31日至4月5日策划与筹备了本次调查工作。

4月6日出发，全体人员乘坐长途汽车从重庆至贵州凯里，当晚抵达之后包车前往西江。

4月7日一早，先去东引村拜访了董洪成师傅，了解其主持修建、即将立架的房屋的一些基本情况，之后在他的带领下去看了立架现场，了解了丈杆的制作及符号含义，之后调查了东引村附近余世泽师傅工作的木构架加工点，了解了其加工枋片的工艺流程，之后看了陆端泽师傅裁穿枋的过程，并了解到明天西江苗寨刚好有另一处人家准备立架。晚上总结成果并对资料进行分类整理、重命名。

4月8日上午7:00，到达准备立架的人家立房基址处调查其立架前的准备工作，了解其立架的过程，之后对其立第一、第二排架的过程进行了拍摄。中午去主人家看了其杀猪庆贺的场景。下午拍摄了其立第三、第四、第五排架的过程，以及其立架完成后庆贺的场景。晚上总结成果并对资料进行分类整理、重命名。

4月9日对屋架找平、檩条的榫卯关系、檩条的安装流程进行了调查拍摄。当天于董洪成师傅处得知西江有一处人家第二天立架，当

晚 12:00 会举行“打白虎”的仪式，于是晚上 11:30 前往拍摄至凌晨。

4 月 10 日当天于董洪成师傅加工屋架构件处调查了其搬运木材、剥树皮、中柱画墨、加工楼枕的工艺流程。

4 月 11 日对上椽条的流程、工具进行了拍摄，于西江一处屋架上瓦处拍摄了上瓦流程。

由于前面采集拍摄到的信息资料较多，4 月 12 日的主要工作是对之前的照片、视频、文字等资料做分类整理、重命名。

4 月 13 日于西江陆端泽师傅处对加工瓜柱的流程进行了调查，并对现场各种大木加工工具进行了拍摄，下午于西江一屋架上瓦处调查了上瓦流程。

4 月 14 日对董洪成师傅主持修建的房屋基址处调查了排扇、立架流程以及排扇时候的相关习俗。

4 月 15 日中午从西江苗寨坐车前往凯里，乘坐汽车于当天返回重庆。

三、2015 年 9 月 5 日至 2015 年 9 月 6 日、2016 年 3 月 4 日至 2016 年 3 月 7 日调查日志

在 2015 年 9 月 5 日至 2015 年 9 月 8 日、2016 年 3 月 4 日至 2016 年 3 月 7 日这两段时间，针对之前调查内容的不足，笔者又分别前往西江苗寨与郎德上寨调查贵州黔东南苗族地区木构干栏式民居营建常见的木丈杆与竹丈杆的制作方法、原理、流程及丈杆上的各类符号释义。另外，还对传统民居的村落布局与建筑组群进行了补充调查。